数据科学与大数据技术

构建大模型数据科学应用：从机器学习升级到大模型

[美] 克里斯汀·科勒(Kristen Kehrer)
凯莱布·凯撒(Caleb Kaiser) 著

王奕逍 译

清华大学出版社
北京

北京市版权局著作权合同登记号 图字：01-2014-5110

Kristen Kehrer, Caleb Kaiser
Machine Learning Upgrade：A Data Scientist's Guide to MLOps, LLMs, and ML Infrastructure
EISBN：978-1-394-24963-3
Copyright © 2024 by John Wiley & Sons, Inc., Hoboken, New Jersey
All Rights Reserved. This translation published under license.
Trademarks: Wiley and the Wiley logo are trademarks or registered trademarks of John Wiley & Sons, Inc. and/or its affiliates, in the United States and other countries, and may not be used without written permission. MLOps is registered trademark of Datarobot, Inc.. All other trademarks are the property of their respective owners. John Wiley & Sons, Inc. is not associated with any product or vendor mentioned in this book.

本书中文简体字版由 Wiley Publishing, Inc. 授权清华大学出版社出版。未经出版者书面许可，不得以任何方式复制或抄袭本书内容。
Copies of this book sold without a Wiley sticker on the cover are unauthorized and illegal.

本书封面贴有 Wiley 公司防伪标签，无标签者不得销售。
版权所有，侵权必究。举报：010-62782989，beiqinquan@tup.tsinghua.edu.cn。

图书在版编目(CIP)数据

构建大模型数据科学应用：从机器学习升级到大模型 / (美) 克里斯汀·科勒 (Kristen Kehrer)，(美) 凯莱布·凯撒 (Caleb Kaiser) 著；王奕逍译. -- 北京：清华大学出版社, 2025.3. -- (数据科学与大数据技术).
ISBN 978-7-302-68583-8

Ⅰ. TP391

中国国家版本馆 CIP 数据核字第 20251ST779 号

责任编辑：王　军　韩宏志
封面设计：高娟妮
版式设计：恒复文化
责任校对：马遥遥
责任印制：杨　艳

出版发行：清华大学出版社
　　　　　网　　址：https://www.tup.com.cn，https://www.wqxuetang.com
　　　　　地　　址：北京清华大学学研大厦 A 座　　　邮　编：100084
　　　　　社 总 机：010-83470000　　　　　　　　　邮　购：010-62786544
　　　　　投稿与读者服务：010-62776969，c-service@tup.tsinghua.edu.cn
　　　　　质 量 反 馈：010-62772015，zhiliang@tup.tsinghua.edu.cn
印 装 者：大厂回族自治县彩虹印刷有限公司
经　　销：全国新华书店
开　　本：148mm×210mm　　　印　张：5.125　　　字　数：157 千字
版　　次：2025 年 5 月第 1 版　　印　次：2025 年 5 月第 1 次印刷
定　　价：49.80 元

产品编号：107463-01

技术编辑简介

　　Harpreet Sahota 自称是一名生成式 AI 黑客，拥有统计学和数学专业本科与研究生学位。Harpreet 自 2013 年以来一直在数据领域工作，担任精算师和 ML 工程师，是生物统计学家、数据科学家，拥有统计学、机器学习、MLOps、LLMOps 和生成式 AI(重点是多模态检索增强生成)方面的专业知识。他喜欢钻研新技术，也与妻子 Romie、孩子 Jugaad 和 Jinda 共享着温馨的家庭生活。他的著作 *Practical Retrieval Augmented Generation* 将于 2025 年出版。

致　　谢

　　写作本书是我们两人的一次愉快合作，我们有共同的愿景，得到一个令人难以置信的团队的支持，他们使所有想法变成现实。非常感谢 Wiley 团队，特别是 James Minatel 和 Gus Miklos，他们肯于奉献，专业知识过硬，将我们的手稿变成一本精美书籍。深切感谢技术编辑 Harpreet Sahota，他提供了宝贵的反馈意见，并帮助我们修改稿件，重新梳理思路，他的见解和指导对最终成书至关重要。衷心感谢各位读者，我们希望本书能为你的探索提供宝贵的见解，激发出新的想法。

前　　言

欢迎你踏上现代 ML(机器学习)之旅,此次旅程将充满活力!过去,数据科学多应用于商业智能工作,而如今,处理数据的方式已经大相径庭,多使用前沿的多组件系统。

希望本书能让你爱不释手。本书没有罗列方法,也不是一本全面介绍 ML 的书籍。本书旨在讲述现代 ML 相关的挑战,将重点介绍数据版本控制、实验跟踪、生产后模型监控和部署,并提供代码和示例,以便你能立即上手。

第 1 章讲述基础知识,揭示管理机器学习的工作流程如何从 CRISP-DM 等传统的线性框架演变为 LLM(大语言模型)驱动的应用。强调需要利用一个统一的框架来构建基于 LLM 的应用。

第 2 章将带你见证一种端到端的 ML 方法,探索生命周期、生产级 ML 系统的原理和 LLM 应用的核心。

第 3 章阐述"以数据为中心"的观点,强调数据在现代 ML 中的作用。该章需要你动手练习,将创建 embedding(嵌入)并用向量数据库进行文本相似度搜索。将道德准则和数据版本控制策略结合起来,以确保你采取负责任的一体化方法。

第 4 章将引导你选择正确的 LLM、利用 LangChain 并微调 LLM 性能。

在第 5 章中,将组件组装在一起,从原型过渡到应用。该章还演示如何构建仪表盘和 API(应用程序编程接口),使你的模型可为最终用户提供结果。

第 6 章将完成 ML 的生命周期,对模型进行监控、重训练管道,并规划未来的部署策略,分析如何与利益相关者沟通。

最后,在第 7 章中,回顾了在整个过程中总结的最佳实践,探讨了 LLM

的新趋势，并提供了资源供你进一步学习。

本书不仅是一本指南——它是一次冒险，是一次穿越现代 ML 风景区的邀约，也是一次为你配备导航工具，让你汲取知识的机会。所以，朋友们，系好鞋带，让我们踏上旅途吧！

下载示例代码

读者可扫描封底二维码，下载配套的示例代码。

目 录

第1章 现代机器学习简介 ··· 1
 1.1 数据科学与商业智能渐行渐远 ································· 2
 1.2 从 CRISP-DM 过渡到最新的多组件 ML 系统 ················ 3
 1.3 LLM 提升了 ML 的能力和复杂度 ······························· 5
 1.4 你能从本书中学到哪些知识 ······································ 6

第2章 一种端到端的方法 ··· 9
 2.1 YouTube 搜索智能体的组件 ···································· 11
 2.2 生产中使用的 ML 系统的核心原则 ························· 13
  2.2.1 可观察性 ·· 14
  2.2.2 可再现性 ·· 15
  2.2.3 互操作性 ·· 15
  2.2.4 可扩展性 ·· 16
  2.2.5 可改进性 ·· 17
  2.2.6 关于工具的注意事项 ······································ 18

第3章 以数据为中心 ·· 19
 3.1 基础模型的出现 ·· 19
 3.2 现成组件的角色 ·· 20
 3.3 数据驱动的方法 ·· 21
 3.4 有关数据伦理的注意事项 ······································ 22
 3.5 构建数据集 ·· 23
  3.5.1 使用向量数据库 ·· 25
  3.5.2 数据版本控制和管理 ······································ 38

	3.5.3 开始使用数据版本控制工具	41
3.6	适度了解数据工程知识	45

第4章 LLM — 47

- 4.1 选择 LLM — 47
  - 4.1.1 我需要执行哪种类型的推理 — 49
  - 4.1.2 这项任务是通用的还是专用的 — 50
  - 4.1.3 数据的隐私级别有多高 — 50
  - 4.1.4 该模型需要多高的成本 — 51
- 4.2 LLM 实验管理 — 52
- 4.3 LLM 推理 — 56
  - 4.3.1 提示工程的基本原理 — 56
  - 4.3.2 上下文学习 — 58
  - 4.3.3 中间计算 — 64
  - 4.3.4 RAG — 67
  - 4.3.5 智能体技术 — 71
- 4.4 用 Comet ML 优化 LLM 推理 — 77
- 4.5 微调 LLM — 84
  - 4.5.1 微调 LLM 的时机 — 84
  - 4.5.2 量化、QLoRA 和参数高效微调 — 85
- 4.6 本章小结 — 90

第5章 合成一个完整的应用 — 91

- 5.1 用 Gradio 得到应用的雏形 — 93
- 5.2 使用 Plotnine 创建图形 — 94
  - 5.2.1 添加选择框 — 102
  - 5.2.2 添加徽标 — 103
  - 5.2.3 添加选项卡 — 103
  - 5.2.4 添加标题和副标题 — 104
  - 5.2.5 更改按钮的颜色 — 104
  - 5.2.6 添加下载按钮 — 105

		5.2.7 将组件合在一起	105
5.3	将模型部署为 API		107
	5.3.1	用 FastAPI 实现 API	109
	5.3.2	实现 Uvicorn	111
5.4	监控 LLM		111
	5.4.1	用 Docker 部署服务	113
	5.4.2	部署 LLM	115
5.5	小结		119

第 6 章 完成 ML 生命周期 ... 121
- 6.1 部署一个简单的随机森林模型 ... 121
- 6.2 模型监控简介 ... 125
- 6.3 用 Evidently AI 监控模型 ... 131
- 6.4 构建模型监控系统 ... 134
- 6.5 有关监控的总结 ... 141

第 7 章 最佳实践 ... 143
- 7.1 第一步：理解问题 ... 143
- 7.2 第二步：选择和训练模型 ... 144
- 7.3 第三步：部署和维护 ... 145
- 7.4 第四步：协作与沟通 ... 148
- 7.5 LLM 的发展趋势 ... 149
- 7.6 进一步的研究 ... 150

第 1 章
现代机器学习简介

在过去 20 年里，数据科学在很大程度上聚焦于利用数据制定业务决策。典型的数据科学项目围绕数据收集、数据清洗和数据建模而展开，生成一个数据仪表盘，最后制作演示文稿与利益相关者分享成果。数据科学给企业带来大量收益。

传统上，我们将执行描述性分析以做出合理决策的项目称为商业智能(BI)。从理论上讲，商业智能是数据科学的一个特定领域。数据科学从技术上讲更宽泛，指将统计方法(包括建模)、编码和领域知识应用于数据的实践；而商业智能则更狭义，指采取数据驱动的方法做出业务决策，这些决策更多地关注描述性和诊断性分析，而非数据科学家执行的预测性分析。然而，我们认为所有分析师和 BI 专业人员都在数据科学领域工作。

在实践中，如果你近十年来担任过分析师或数据科学家，你必然以某种方式在商业智能上花费过大量时间。

许多人不认可上面这种说法，因为在传统意义上，商业智能属于"BI 分析师"等职位的范畴，而数据科学家的职责往往更加多样化，以研究为重点。这些人的想法有一定道理，但在一个普通的分析组织中，角色的职责和职能的界限并不那么明显，使得很难将数据科学与商业智能巧妙地分开，在处理数据时总有重叠。

假设你在一家普通公司担任分析师，你可能负责回答"发生了什么"的问题，通过描述性分析来获得过往业绩的快照；会用 Excel、SQL 和可视化软件生成报告和仪表盘，会监控关键绩效指标(KPI)，并根据历史数据帮助做出战略决策。也可能在启动项目前预设置了过程中使用的 KPI、数据源和机器学习模型(如果有)，BI 分析师或业务分析师负责对这些进行管理。

当公司有全新的数据需要处理时，通常会将另一个仪表盘以自助服务的形式提供给非技术利益相关者(此时，可能发生应当使用 Tableau 还是 Power BI 的激烈争论)。通常而言，这是一种区别普通公司中数据科学家和 BI 角色的有效方法。数据科学家通常负责组织中更具技术性、研究更密集的分析项目：探索新的数据源、执行预测分析、完成假设检验、研究新的机器学习模型等。他们所做的大部分工作仍然属于商业智能的范畴。至少说，在过去是这样。

1.1 数据科学与商业智能渐行渐远

数据科学重在研究，在当今的机器学习时代，我们有必要强调数据科学的原理。在许多数据科学家从事的高级分析中，若要构建一个机器学习模型，那么该模型很可能只用于研究。特别在几年前，你不大可能在产品中部署或实现一个模型。你可根据客户行为对客户进行细分，或构建一个预测模型，以更深入地了解客户。利用有关客户的新信息，通过进一步的假设检验，可推动产品增加功能或更改功能。尽管如此，一旦研究成果传达给业务部门，模型本身就不会再使用了。

在过去，数据科学家并非不想训练影响庞大的模型，而是有心无力。2022 年，Gartner 发布了一项关于美国、德国和英国使用机器学习的公司的调查，这些公司的数据科学家在 ML 生态系统中历经多年开发了不少模型，但其中只有 54% 投入生产。

数据科学家主要通过简单、实用的商业智能为企业贡献价值，而构建的模型则显得"华而不实"。但时至今日，这种情况开始发生变化。

现在，建模工作本身变得更加可行，在产品中的使用越来越普遍。涌现出 AutoML 等新工具，ML 框架也得到改进；数据科学家可以更方便地在几乎任何类型的数据上训练有用的模型。迁移学习因计算机视觉而普及，大语言模型的爆炸式增长起到进一步的推动作用；在许多方面，更容易训练有影响力的模型。随着机器学习基础设施和生态系统的完善与发展，部署也变得更加简单。

因此，数据科学家越来越致力于为业务用例建模，与传统的 BI 工作渐行渐远。越来越多的数据科学家负责构建和监控机器学习模型。然而，这个转变过程给数据科学家带来一系列全新的挑战和责任；本书旨在帮助数据科学家走出以 BI 为中心的世界，走入以生产为中心的多组件机器学习系统的新世界。

本书介绍的许多原则可泛称为 MLOps(或 LLMOps)，需要明确的是，我们的目标不是成为 MLOps 工程师，因为应用管理工具和基础设施不是数据科学家的工作。相反，希望数据科学家通过理解 MLOps 原理，构建可靠、可扩展、可复用、有影响力的模型。

在深入探讨这些原则之前，我们应该花一些时间来了解机器学习的变化。

1.2 从 CRISP–DM 过渡到最新的多组件 ML 系统

自诞生以来，机器学习经历了漫长的发展过程。20 世纪 90 年代，出现了 CRISP-DM(CRoss-Industry Standard Process for Data Mining，跨行业数据挖掘标准流程)，用于描述数据建模项目的典型阶段。长久以来，CRISP-DM 一直是管理机器学习工作流的主导框架。CRISP-DM 使数据科学由零散变得井井有条。CRISP-DM 框架包括六个关键步骤。

(1) 理解业务需求：从业务角度定义项目的目标和要求。
(2) 理解数据：收集和探索数据，了解其质量和结构。
(3) 准备数据：清洗、转换和组织数据，使其适合机器学习。
(4) 建模：构建和评估机器学习模型以解决业务问题。

(5) 评估：评估模型在实现业务目标方面的性能。

(6) 部署：将模型集成到生产环境中。

在过去的数据项目中，模型只是管道的一个环节，用于生成特定的报告。CRISP-DM 框架比较简洁，步步推进，所以十分适用于此类项目。

然而，最新的机器学习系统更像流水线，而非管道。系统中有许多相互关联的组件，适于解决更广泛的问题，起码会带来以下技术挑战。

- 数据大小和种类：随着大数据的出现，机器学习项目通常涉及海量的不同类型的数据集，如文本、图像和结构化数据。需要采用新方法来处理这些不同的数据源。
- 复杂算法：随着深度学习、强化学习等的出现，机器学习算法越来越复杂，需要专门的工具和框架来实现与训练这些算法。
- 模型部署：现代机器学习系统需要持续更新和监控模型，使部署成为一个复杂的、持续的过程。
- 可扩展性：过去，每个月只需要生成一次报告。而现在，必须根据数千个并发用户的需要，实时地进行推断，这是一个巨大的挑战。
- 协作：机器学习团队通常由数据科学家、数据工程师和领域专家组成。必须配备协作工具和平台，来管理这些不同职能的人员。
- 机器学习伦理：机器学习对社会的影响越来越大，使伦理问题和治理实践成为更高的优先事项。确保公平性、透明度和合规性已成为机器学习系统的重要功能。

幸运的是，一些才华横溢的数据科学家和工程师多年来致力于研究和解决这些问题。在现代机器学习生态系统中，已经产生了大量用于应对这些挑战的工具。这里举一些例子：①数据版本控制、实验跟踪和跨团队协作解决方案；②模型注册表；③用于生产环境的模型监控工具；④数据湖和仓库(使我们能有效管理、存储和查询大量数据)；⑤机器学习框架(使建模变得更加容易)；⑥开源库(确保负责任地使用机器学习模型，确保合乎道德标准)。

在本书中，我们将探讨这些工具，并利用这些工具构建实际项目。在此之前，有必要花点时间讨论一下近十年来机器学习生态系统中最具变革性的转变之一：大语言模型。

1.3 LLM 提升了 ML 的能力和复杂度

大语言模型(Large Language Model，LLM)的出现极大地提升了机器学习系统的能力和复杂性。GPT-3、BERT 等模型及其后继者重新定义了自然语言理解和生成的能力上限。

这些模型规模庞大，预训练参数量大，能完成各种任务。例如，LLM 在自然语言理解(Natural Language Understanding，NLU)方面的表现具备了前所未有的性能，如情感分析、文本摘要、语言翻译和问答，样样精通。LLM 从根本上改变了自然语言处理(Natural Language Processing，NLP)的格局，可根据上下文，生成用于不同领域的不同风格的连贯文本；在 LLM 的基础上，内容生成工具、聊天机器人和 AI 辅助写作如雨后春笋般涌现。

> 预训练 AI 模型(通常是最先进的深度学习模型)一般在大型数据集上进行训练，以执行特定任务。可以使用任何类型的数据，包括图像、文本、音频、表格数据等，具体取决于用例。

此外，预训练的 LLM 已成为迁移学习的强大工具。通过微调特定领域的数据，就可将这些模型用于各种应用领域，减少了每个新用例需要的标记数据量。预训练的 LLM 不仅能处理文字，还能处理图像及音频。这为复杂的多模态应用(如图像字幕、视觉问答等)开辟了新途径。

当然，能力的提高必然伴随着复杂度的增加。例如，考虑以下常见的 LLM 任务。

- 理解语言：LLM 可理解语言的微妙之处，根据上下文随机应变，AI 系统(如聊天智能体)更聪明。然而，聊天智能体需要频繁地进行推理(即使用已训练的 AI 模型进行推理，揣摩对方的心思，进行预测，解决问题)。假设有 1000 个用户；针对每个用户，每隔几秒钟就要进行一次推理；如何使用包含 170 亿个参数的模型来并发地支持这些用户呢？

- 提取知识：LLM 可从非结构化的文本中提取出结构化知识，这在数据挖掘、信息检索和内容管理中得到广泛应用。但如何摄取和存储这些知识呢？如何使系统动态找出这些知识？
- 生成内容：LLM 可以根据上下文生成极富创意的内容，如诗歌、代码、一篇完整的文章，甚至艺术、音乐和文学作品。如何在尊重版权法的前提下生成内容？如何防止种族主义或其他有害输出？如何找出并删除错误信息？
- 多模态 AI：其他深度学习模型有卷积神经网络(Convolutional Neural Network，CNN)等；如果结合 LLM 与 CNN 来完成图像处理，将获得一个高级的、功能强大的多模态 AI 系统。这些系统能理解融合了文本、图像和其他类型数据的内容，也能生成这些内容。然而，必须协同地部署和管理所有这些模型，如何有效地做到这一点？

研发工作正在使 LLM 更高效、更可解释，而且减少了模型消耗的资源。随着 LLM 价格的下降，人工智能可能大众化，在各个领域催生更多创新成果。

在本书中，当探索机器学习的新世界时，将列举一个 LLM 项目进行演示。

1.4 你能从本书中学到哪些知识

本书是一本 MLOps 和 LLMOps 指南。如果你以前从事传统的 BI 工作，或有研究背景，那么本书就是为你准备的。后续各章将介绍各种工具和工作原理，并在此基础上构建项目。我们希望你在未来的项目中使用这些技术。总体而言，本书将涵盖以下内容。

- **数据管道和版本控制**。将介绍数据管道和版本控制的概念。这将确保数据得到一致处理，并可跟踪和管理对管道的更改。
- **实验和模型版本控制**。将扩展建模阶段，纳入以下事项：架构搜索和模型版本控制等。

- **持续评估**。将扩展评估阶段，纳入以下事项：持续监控模型性能，并实施自动检查，以检测性能随时间的下降状况。
- **CD(持续部署)**。将更新部署阶段，纳入以下事项：CD，快速部署更新的模型。但不添加 A/B 测试。
- **监控和模型重新训练**。将添加一个维护阶段来监控生产环境中的模型，根据需要在新数据上重新训练模型。
- **协作工具和工作流**。将推广协作工具和工作流，以促进数据科学家、数据工程师和运营团队之间的跨职能合作。

要在不断发展的数据科学和机器学习领域纵横驰骋，就必须理解 MLOps 原则。我们面临着各种挑战，从数据版本控制到模型评估和部署；为了应对这些挑战，就必须采用系统的、可扩展的方法。通过将数据管道、版本控制、实验、持续评估和协作工作流整合到你的项目中，可提高可重复性和可扩展性，并确保模型随着时间的推移保持有效性和适应性。正如前面提到的，我们将在一个基于 LLM 的项目的引导下讲述这些原则。应用程序将完成问答任务，将 YouTube 视频用作外部数据源。第 2 章将介绍项目的一些背景知识。第 3 章开始正式开发项目。

第 2 章
一种端到端的方法

本书的重点是构建一个端到端的可用于生产环境的机器学习系统。我们应该首先确定一些术语的含义。在过去 20 年里,"端到端"和"生产"等术语在数据科学领域被广泛使用,而且这些术语的含义也与时俱进。

假设时间回到 2015 年,你在一家鞋类零售商的 BI 团队工作,当时处理数据的方式与今天大相径庭。你的团队负责预测下一季度的销售额。端到端系统会是什么样子?

你首先构建数据集。在 2015 年的时候,要想访问和整理公司的数据堪称一场噩梦,你的团队只有付出相当大的努力,才能整理出一个干净的数据集。接下来,你将专注于建模。团队可能尝试使用各种模型,从 ARIMA 到随机森林,甚至梯度提升(毕竟,XGBoost 嵌入在 2014 年就发布了)。经过大量的调整和优化,并经过一些可靠的验证,你终于得到了模型。现在,可开始预测下一季度的销售额并与其他人分享你的结果了。你可能已经为 CRO(首席收入官)制作了一个仪表盘,或者每天使用 SPSS(Statistical Package for Social Sciences,社会科学统计软件包)等工具手动进行预测。也许你设置了一个每天都会运行的作业,通过宏来创建新一天的实际值。或者,你每天上班的第一件事就是检查模型的预测值,写一封电子邮件来分享结果。

从很多方面讲,预测销售额项目比较直接,但并不容易。由于需要执行如此多的手动操作,这样的项目都是困难的。很难从多年遗留的杂乱数据中整理数据集。向非技术受众展示你的预测结果而不让他们感到无聊是一门艺术。在建模阶段,你可能完成大量实验,执行可靠的验证也很费事。但是,若将这个项目分成多个组件,就不需要做出那么多架构决策了。

- 数据摄取:公司的数据存储方式起着决定性作用,但你需要决定如何摄取数据并生成数据集。
- ML 框架:你可能使用 scikit-learn(一个用于建模的 Python 库)来构建模型,但因为当时是 2015 年,你也可以使用统计工具或团队构建的一些内部框架。
- 可视化库:如果公司使用了特定的仪表盘解决方案,你会使用它。否则,你将使用任何自己喜欢的库或 Excel 来生成报表和图表。

大致如此。你不需要做更多的架构决策。当时是 2015 年,除了电子表格,不存在任何真正的实验管理解决方案。数据版本控制不太可能以正式方式完成,模型也不必部署。你可能通过运行 notebook 或本地脚本(宏)来生成预测,这些脚本可能与某种版本控制一起存储。这基本上就是端到端系统包含的全部内容,而且是有效的——至少可用于特定的系统。

但是,如果是一个更复杂的机器学习系统,如 YouTube 搜索助手,又会怎样呢?该系统需要多个模型在管道中交互,涉及一个存储着嵌入(embedding)的向量数据库。

> 向量数据库专为存储和查询高维数据而构建。许多流行的技术,如 RAG(Retrieval Augmented Generation,检索增强生成),都依赖于操纵文本嵌入;嵌入是存储在向量数据库中的高维向量。

ML 应用程序必须实现一些检索逻辑来获取相关的视频和摘要,这是一种从视频中生成文本记录(transcript)并为文本创建嵌入的方法。需要能够实时访问推理管道;ML 应用程序的功能必须是完备的,前端不能仅是某个报告中的图表。当然,你的系统需要能够扩展以支持大量的并发用户。

最重要的是,更复杂的机器学习系统并非只执行一次数据分析,而是一个持续的软件项目,需要维护、监控和持续改进。

在本章中，我们为设计这样的机器学习系统提供一个框架。首先详细讨论一下 YouTube 搜索助手。

2.1 YouTube 搜索智能体的组件

首先，大致描述一下我们的系统。当用户输入问题时，系统会在 YouTube 上搜索相关视频，然后将视频的文本记录添加数据库中；数据库也越来越大。此后，系统根据为用户搜索查询创建的文本记录，从整个数据库中提取出最相关的文本记录，并传递给语言模型。在实际中，最终结果如图 2.1 所示。

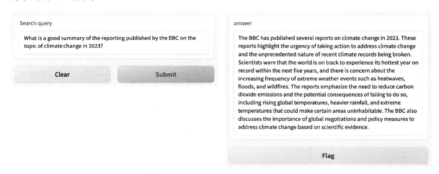

图 2.1　YouTube 搜索查询结果

这里的示例模型未对 2023 年的数据进行训练，而使用 RAG 与语言模型共享新信息。本书后续章节将详细讨论 RAG。

接下来仔细分析该项目的不同组成部分。组件大致可分为以下几类。

- YouTube 搜索：有一个运行 YouTube 搜索并获取相关视频的系统。然后，我们从这些视频中生成文本记录(transcript)。
- 存储嵌入：使用嵌入模型将文本记录块转换为嵌入，将嵌入存储在向量数据库中。再使用相同的嵌入模型将用户的初始问题转换为嵌入，执行相似度搜索，以从视频中检索最相关的摘录。最后，返回与嵌入和输入上下文相关的文本，完成最终的 LLM 推理。

- **大语言模型**：在整个系统的关键点上使用 LLM。使用一个模型将用户的问题转换为相关的 YouTube 搜索，完成最终的问答任务，并生成嵌入。
- **用户界面**：我们在 ML 应用程序中接收用户输入并显示输出。

每个类别中又有许多需要设计和实现的单独组件。图 2.2 展示了主要组件。

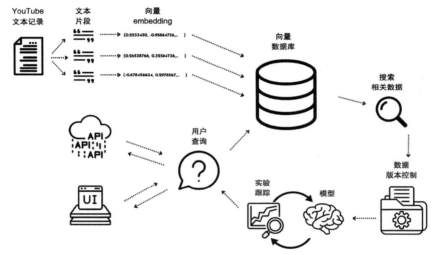

图 2.2　YouTube 搜索的组件

有必要了解这个系统中不同组件的依赖关系。你嵌入的文本决定着嵌入的质量，这意味着文本记录系统必不可少。同时，如果找不到相关的视频，文本记录再完美也毫无意义，这意味必须有一个卓越的 YouTube 检索系统。

将根据项目的需要做出许多设计决策。例如，如果你需要微调模型，那么可供使用的潜在 LLM 架构将大大减少，因为许多最流行的托管 API 不允许微调，而且许多主流模型架构本身的微调成本极高。同样，在这样的系统中，你也不必过度考虑关于基础设施的许多决策。

在这种支持大量并发用户的系统中，需要考虑哪些事项呢？如果系统输出的质量变差，你如何获悉呢？一旦了解到这一点，你会从哪里开始调试？如果配备了一个数据科学家和工程师团队来改进这个应用程序，你如何将应用程序输出的变化与系统中的某个特定变化联系在一起呢？

2.2 生产中使用的 ML 系统的核心原则

架构是软件工程中的一个棘手主题，主要是因为没人真正确定它是什么。宽泛地讲，当人们讨论一个系统的基本逻辑而非实际的实现代码时，倾向于提到"架构"。这些讨论往往过于冗长，生成了大量图表，提出不少分类法和方法论，而实际构建者却可能忽视架构的要求。

然而，不能因此就说架构可有可无，我们只能从更贴近实战的角度去理解它。我们非常喜欢 Ralph Johnson 和 Martin Fowler 给出的定义："架构就是最重要东西，不论它具体是什么。"

本着这种精神，我们希望专注于设计机器学习系统时我们认为"重要的东西"。我们不准备进行长篇大论，也不准备提出一个僵化的方法论，而是分享一套设计机器学习基础设施的核心原则，并给出遵循这些原则生成的示例代码。

对于生产中使用的 ML 系统，需要强调和注意以下几点。

- **可观察性(Observability)**。当系统输出的质量开始下降时，必须能够注意到这一点，并进行反向推导，找到质量下降的起因。不仅需要进行监控，还需要记录和显示数据。可观察性涉及对系统内部的实际分析。在 ML 环境中，这要求模型具有一定程度的可解释性。例如，当问答任务因为生成上下文的上游问题(而非因为问题过于复杂，模型无力处理)而失败时，会看到哪些迹象？可观察性对于分析根本原因来说是无价的。

- **可再现性(Reproducibility)**。机器学习系统本质上是概率性的，很难明确地说明特定变化是如何影响整个系统的；这也意味着，在同一数据上训练模型，可能得到不同的结果。为对我们做出的任何决定充满信心，需要能够重现结果，这意味着，需要对构成系统的所有不同参数和内部状态进行强有力的跟踪与版本控制。

- **互操作性(Interoperability)**。有人并不认可这是一个通用原则。毕竟，有很多公司运行的软件栈虽然在其生态系统以外无法互操作，但仍然健壮、稳定。然而，在 ML 领域变化如此之快的情况下，互操作性至关重要。你可能希望顺应 ML 领域的一些重大变化，而拥有一个可互操作的平台使这变得更加容易。
- **可扩展性(Scalability)**。规模必然是生产中机器学习的问题之一。即使对于较简单的机器学习系统，支持数千个并发用户也需要占用大量的计算资源。如果系统在设计时未考虑这一点，成本很容易失控(或者 ML 应用程序可能走向失败)。
- **可改进性(Improvability)**。ML 系统必须以一种可改进的方式进行构建。这听起来十分简单，但说易行难。以本章开头的销售额预测为例，在完成所有模型拟合、参数优化和实验以实现模型性能的最大化后，你如何才能改进模型？另一位数据科学家能否在六周后启动该项目，并在不推倒重来的前提下进行有意义的改进？能否找到训练代码？最初的创建者可能尝试了各种变量组合和不同技术，而新的建模者很可能对此不知情，无法加以改进。

若能将以上各项的英文单词的首字母合成一个新单词，那该有多好。ORISI 是斐济人的姓氏、一个意大利葡萄品种、印度奥里萨邦的一个词语，都不是非常知名。如果其中任何一个让你觉得与软件基础设施特别相关，尽管使用。接下来简单分析一下，这些原则是如何应用于实际的 YouTube 系统的。在后续章节中，将列举实际的编码示例，更深入地探讨每个组件。

2.2.1 可观察性

可观察性用于衡量我们从外部输出评估系统内部状态时能有多高的准确性。换句话说，如果查看系统的总体输出，包括它生成的答案，以及日志、警报或其他分析，我们能很好地理解系统内部发生的事情吗？

可无限地对可观察性进行优化。在本书的各个项目中，在讲解技术时，将尽量追求简明易懂，同时追求生产环境中问题的可观察性，在两者之间取得平衡。

对于 YouTube 搜索助手(也称 YouTube 搜索智能体)而言，我们在可观察性方面的第一个突破是使用 OpenLLMetry 这样的工具来自动跟踪与模型的交互链。模型在流程每个步骤的行为都留下可追溯的快照，包括提示、响应和元数据。这样，系统可以发出一些简单的警报。

如果系统的输出质量开始下降，我们就可以利用这些可观察性特征，真正地查看工作流每个阶段的提示和响应。通常能根据这些数据立即诊断出性能恶化的原因。

2.2.2　可再现性

让我们想象一下，你已经诊断出，构建上下文窗口的方式存在潜在的问题。你进行了修复，事情似乎进展顺利。如何确定真正解决了这个问题？也许以前有几次搜索有些怪异之处，最近的搜索却是正常的，你的"修复"实际上并未改变任何东西。

为确认问题，你需要重现以前会返回糟糕结果的搜索。前几次搜索时，用到一些数据、参数和提示，为此，你需要访问完全相同的信息。参数和提示由可观察性平台保留，但我们需要额外的重现工具。

可用于对机器学习数据进行版本控制的工具有多种，你可从中选择一种；这样，在测试更改时，系统可使用相同的数据。下一章将深入探讨此类工具。

2.2.3　互操作性

有时，需要更改系统中的组件，使系统更趋完美。也许一家新公司发布的基础模型比 OpenAI 更好，也许你想构建自己的 LLM，也许你开发了一个更好的视频搜索系统。无论如何，机器学习的新技术不断涌现，如果你想跟上时代的步伐，拥有一个能适应这些变化的系统是十分重要的。

有许多书籍介绍如何构建具有互操作性的软件；本书主要讲述机器学习，不会深入探讨软件架构原理，仅重点介绍一些可行的原则。第 5 章将进一步充实这些内容。但此处要提醒你，关键是模块化。

实现系统时，最好将每个基本操作都独立出来，包含在各自的功能块中。原则上，每个功能和每个工具只负责做一件事。这允许我们在不发生级联故障的情况下交换各个组件。例如，在后续章节中，将编写一个 get_completion()方法来调用 LLM。若想更改基础模型，只需要编辑该函数，其他一切都不需要变动。同样，可观察性平台可将数据输出到任何主机，这意味着可随意更改分析平台，而不会中断系统。将模型投入生产时，数据互操作性同样构成一个巨大挑战。手机和手机应用程序通常具有高度的互操作性，不同设备和平台可以无缝通信、共享数据和协同工作，但在工业领域，尤其是医疗保健领域，情况往往并非如此。另一个部门可能使用不同的系统，甚至可能是落后的遗留系统，数据的格式和结构也可能是不同的；因此，各个部门的数据源互通成为问题。人们通常称之为"数据孤岛"，这可能是将机器学习模型投入生产的巨大障碍。

2.2.4 可扩展性

关于可扩展性，我们想回答两个主要问题：系统能否支持大量并发用户？能否在预算不超标的情况下支持大量并发用户？

为说明第二个问题的重要性，接下来来分析一个真实例子。2019 年底，一位名叫 Nick Walton 的机器学习研究人员分享了他通过微调 GPT-2 构建的一款基于人工智能的地牢爬虫游戏。该游戏可通过 Jupyter notebook 运行，Jupyter notebook 通过 Google Colab 共享。当时，Colab 为所有用户提供免费 GPU，因此 Nick 认为这是一种免费的游戏扩展方式。

这款游戏令人着迷，迅速走红，吸引了成千上万的玩家。玩家都在运行 Colab notebook，Colab notebook 从 Nick 的存储中下载模型(大小为 5GB)。数据传输不是免费的，托管这款"免费"游戏的成本攀升到每天 10 000 美元以上。实际上，对于 Nick 和他的合作者来说，将游戏作为一个完整应用程序发布，并将模型部署到 AWS 上的成本更低。

云计算为大众提供了运行大型模型所需的计算资源；有些公司运行的系统的推理和训练成本十分高昂，如果自建基础设施，可能造成公司破产，而若借助云计算，这些公司的系统将能正常运行。对于本书接下来几章介绍的 YouTube 搜索智能体项目，我们将注意确保系统能够以可管理的方式扩展。例如，向量数据库在 Kubernetes 集群上运行，从而能够快速扩展。为简单起见，将使用维护者 Zilliz 慷慨提供的免费托管计划。该数据库在一定范围内是开源的；如果系统规模太大，超过了免费上限，我们可快速计算出自行托管数据库是否更合算。虽然我们知道，由于我们发送的流量不大，OpenAI 服务器不太可能崩溃，但我们知道，OpenAI 的 API 不是免费的，而且 OpenAI 那边也可能出现变故，例如可能无征兆地罢免其首席执行官；因此，我们已将系统与特定的 LLM 解耦。如果成本超出我们的预算，可探索用更便宜的模型，甚至托管我们自己的模型，而不需要重构整个系统。

2.2.5 可改进性

与机器学习系统相关的可改进性主要体现在两个方面。第一个方面与常规的软件工程思想是相通的：代码是否便于重构以改进系统？这又回到了关于互操作性和可扩展性的观点。我们的系统可以接受任何零散的改进，而不会造成大规模中断。

可改进性的第二个方面更适用于机器学习领域(尽管它在其他一些软件项目中也很常见，特别是那些涉及网络的项目)：系统在自我改进方面做得好吗？

你可能觉得，第二个方面让你摸不着头脑。这里以我们的搜索管道为例予以解释。对于给定的查询，系统将只查询有限数量的新视频。然而，一旦这些视频被查询出来，就会永久输入向量数据库中；相似度搜索是针对整个数据库进行的，不仅仅是我们最近查询的视频。因此，使用我们系统的人越多，数据库中存储的相关视频也越多；当用户使用同一数据库时，系统在未来查询中的表现将更好。在我们未干预的情况下，该系统正在自我改进。

这一原则尤其适用于涉及重新训练管道的系统。在此类系统中，提供模型性能反馈的用户越多，重新训练管道的影响就越大。

2.2.6 关于工具的注意事项

在本书中,我们将使用许多不同的第三方工具和库。这是无奈之举,如果从头开始实现这些工具,本书会变成丛书。当然,这确实为一些潜在问题找到了解决的办法。例如,如果你读本书时,一个工具不存在了怎么办?考虑到机器学习的发展速度,这并非天方夜谭。

为避免这种情况,本书一直谨慎选择符合可观察性、可再现性、互操作性、可扩展性和可改进性原则的工具。本着这种精神,下面列出选择工具时的一些标准。

- 不选择端到端平台。没有一个工具可以决定在本书中构建的项目的成败。
- 优先选择开源工具。使用的大多数工具都是开源的,在你阅读本书时,这些工具应当都是可用的。即使在使用云供应商的情况下,也试图与核心产品开源的供应商(如 Zilliz)合作。将使用 Comet 进行数据版本控制和实验跟踪。尽管 Comet 的核心产品不是开源的,但有一个强大的社区版本,维护着许多开源项目。
- 尽量使用简单的 UI。避免使用具有专用 API 或特定工作流的工具。例如,要求可观察性平台只使用与大多数其他 Python 日志框架类似的 Python 语法。

本章介绍了总体思路和核心原则,第 3 章将开始挖掘一些实际项目。

第 3 章
以数据为中心

每个数据科学家都知道，数据集的质量决定着模型的质量。正因为如此，需要耗费数天的时间来清洗和处理混乱的数据；有些数据库工程师通过努力实现了大部分此类工作的自动化，减轻了人员的工作量，或许，应当给他们颁发人道主义奖。

过去，对数据科学家而言，数据集只是一个考虑事项。在给定的机器学习项目中，建模阶段更加重要。需要花几天时间测试不同的学习算法，在模型中拟合参数，以最大限度地提高拟合 R^2 或精度。尽管现在仍可使用这些算法，但很多情况下，我们可采用不同的方式。

时移世易，一切都变了。在构建现代机器学习系统时，提高数据的质量和数量成为数据科学家最主要的工作。在本章中，将深入探讨影响机器学习领域这一转变的因素，并探讨它如何塑造构建机器学习系统的方式。

3.1 基础模型的出现

机器学习之所以不再以"以模型为中心"，最大的原因在于预训练模型的广泛使用，预训练模型有时也称为基础模型。这些模型已经在数量庞大、种类多样的数据集上经过训练，可很好地完成许多机器学习任务；与我们使用自己的数据集训练出的模型相比，基础模型的性能通常要好得多。

有了预训练模型，从头训练模型的必要性就极大地下降了。许多情况下，我们仍会用自己的数据对预训练模型进行微调，但基础模型架构已经就绪。使用预训练模型，就像你雇用了一名数据科学家，然后与数据科学家进行沟通和交流，使他更好地完成公司交给他的任务；而构建自己的模型就像雇用了一个懵懂无知的小孩，你需要教他学完高中课程，此后教他学习统计学、编程、数据科学，多年后，他才能真正为公司贡献力量。

当然，仍有一些数据科学项目只需要一个更简单的模型，但对于本书中重点构建的系统类型而言，预训练的基础模型将发挥核心作用。

基础模型作用巨大，但也带来了一些独有的挑战。

许多最流行的基础模型都十分庞大。事实上，GPT-3 每次训练的成本为 500 万美元，托管它需要大约 350GB 的 GPU 内存。这意味着在可见的未来，你托管自己的 GPT-3 的可能性约为 0。对大多数希望与这些模型交互的人来说，最现实的选择是使用第三方托管的 API。

利用第三方 API，可方便地获得各种机器学习功能，从表格数据机器学习、自然语言处理到计算机视觉。将这些 API 集成到自己的系统中，就可以使用最高级的机器学习功能；然后进行微调，使其越来越适用于自己的特定领域。著名的例子有 OpenAI API 和 Hugging Face Transformers API。

预训练模型和 API 之间的区别在于，预训练模型是模型本身，通常作为模型权重和架构共享。而 API 是一种与模型交互的方式，通常托管在远程服务器上，用于执行特定任务。你可使用预训练的模型构建自己的应用程序，API 允许你向服务提供商托管的现有模型发出请求。你能快速构建应用程序，但难以保证合规，更难保证符合道德规范。

3.2 现成组件的角色

除了预训练模型，现代机器学习系统现成组件的数量也在激增。这使得机器学习领域越来越趋向于"以数据为中心"。

构建可投入生产的机器学习系统时，需要配备完整的基础设施。无论是运行月度报告还是托管实时推理 API，都需要一种执行推理的方法。如果你在 2015 年左右加入一个机器学习团队，那么你的公司很可能需要自行构建一切，用 C++ 编写内核，并修改自己的模型服务器。无论如何，数据科学团队都有责任构建和维护完备的基础设施；即使没有明确安排，实际上也需要这么做，因为这项工作属于工程范畴。在实际中，数据科学家需要投入大量精力来开发机器学习基础设施。

现在，一切都变了。对于大多数机器学习基础设施而言，最合理的解决方案是购买即插即用组件，然后将其安装到自己的系统中。

这些组件包括库、框架和工具，它们精简了 ML 管道的各个方面，从数据预处理到模型部署。现成组件的一个例子是 scikit-learn；它包含用于数据预处理、特征选择、模型选择和评估的工具。

由于能够利用现成的组件、预训练模型和 API，在开发机器学习系统时，数据科学家的目光将聚焦于一点：数据本身。

3.3 数据驱动的方法

从根本上说，数据驱动的方法是构建现代机器学习系统的基础。决定系统质量的不是你选择的模型架构，也不是反向传播的效率，而是数据集的质量。

因此，要仔细考虑数据采集和数据管理过程，因为数据的质量决定着机器学习系统的性能和可靠性。在 ML 系统上构建产品时，独特的数据集也是你的护城河。如果你只是围绕第三方 API 编写封装器，那么其他公司可轻易地复制你的完整产品——只需要询问任何围绕 OpenAI 的 API 构建封装器的公司即可知晓；结果是，你的产品将被 OpenAI 发布的更新产品所吞噬。

即使是强大的竞争对手，也无法复制你的专有数据。

找到"数据"这个着力点，虽然你身处复杂的现代机器学习领域，也将能从容应对。

3.4　有关数据伦理的注意事项

由于重心在数据，有必要对数据偏见和数据伦理加以说明。数据天然具有偏见，因为提供数据的人就有思想偏见。人们生成了大量数据，或至少参与了数据的收集。因此，模型可能产生有偏见、不正确甚至危险的结果。

通常提到的"偏见"在数据中有多种不同的含义。在本书中，我们讨论的是数据的公正性。训练算法使用的数据可能无意中延续了不同的性别、种族、年龄和社会经济偏见。这些偏见是历史和社会不平等原因造成的，反映了一部分人头脑中的歧视性想法和刻板印象。在训练机器学习模型时，算法会学习并强化数据中已有的偏见，得出歧视性结果。在数据准备阶段，需要评估数据的偏见程度，并密切关注和评估模型的数据输出。

例如，有媒体撰文，指出个别公司的"招聘算法存在偏见"。但实际上，并非算法有偏见，起因是基础数据。招聘数据中隐藏着偏见，导致算法偏向于招聘某些性别、年龄或种族的员工，使招聘中的不公平做法永久化。需要确保模型不会产生有偏见的结果，如惩罚一个姓名听起来像黑人或毕业于一所女子学院的求职者，这意味着，要策划一个数据集，拒绝隐性地将白人男性视为事实上的"获胜求职者"。

近期发生的另一个例子来自生成性 AI 领域。一位亚洲女性用图像生成工具创建了一张"职业照"。在所有返回的头像中，该工具都将她描绘成白人，因为数据集将白人与专业联系起来。

找出和消除这些偏见对于创建公平和包容的机器学习系统至关重要。所有训练数据难免包含偏见，但确保在模型中使用数据时，不要因为歧视而造成对他人的伤害。与多位领域专家合作，在评估过程中吸纳不同的观点，同时擦亮自己的眼睛，获得有价值的见解，以减轻潜在的偏见。在创建模型前要进行分析，监控和评估输出。

要负责任地使用数据，尽量避免风险。如果你想深入了解存在偏见的数据及其可能产生的影响，强烈建议你阅读 Cathy O'Neil 撰写的《算法霸权》一书。

3.5 构建数据集

接下来开始构建自己的数据集，此后将实现一个管道用于获取 YouTube 新视频的文本记录(即从视频转录的文字)。从知名数据科学视频博主的文本记录的静态集合开始。从 16 个不同视频中获得文字记录。其中包括 Josh Starmer(StatQuest)、Ken Jee、Kate Strachnyi(DATAcated)和我自己(Kristen Kehrer；但声明一下，我还没有成为知名的视频博主)。使用 Pytube 库加载文本记录，包括相关的元数据。我们希望为这个项目保留的元数据是视频的标题和作者。本书中的示例代码地址如下：

https://github.com/machine-learning-upgrade

为了看一下原始文本记录是什么样子的，首先使用 pip 命令来安装 LangChain (Python 的包安装程序)。然后将 URL 传递给 YoutubeLoader 并加载文本记录。此代码片段直接来自 LangChain 文档：

https://python.langchain.com/docs/integrations/document_loaders/youtube_transcript

要获取单个 YouTube 视频的文本记录，可使用以下代码：

```
!pip install youtube-transcript-api==0.6.1 langchain
==0.0.335 pytube==15.0.0

from langchain.document_loaders import YoutubeLoader

loader = YoutubeLoader.from_youtube_url(
    "https://www.youtube.com/watch?v=Q4OBx3S0Ysw
&t=118s", add_video_info=True
)

data = loader.load()
data[0].page_content
```

现在，你将能看到传递的任何 YouTube 视频的文本记录以及元数据。输出中显示了文本记录、标题、作者、观看次数、发布日期、时间和视频长度。我们关注的内容包括文本、标题和作者。这样，就可以找到包含关注的信息的特定视频。为此，需要将这些文本记录存储在数据库中。

可根据具体用例，为文本数据选择向量数据库、图数据库或关系数据库。如果看重的是语义理解和相似度搜索，向量数据库是不错的选择，对高维文本数据而言尤其如此。云提供商还可能提供数据库选项，如使用向量嵌入功能。如果你要捕获复杂关系并执行网络分析，或数据自然具有图结构，请选择图数据库。为了关系明确的结构化文本数据选择关系数据库。

对本书的案例而言，由于将文本数据用于 LLM 用例，关注的是对输出的语义理解，因此将使用向量数据库。数据将进入项目的向量数据库。首先，需要做一些处理。目前，如果为此创建一个嵌入，整个文字记录将位于一个向量嵌入中。为以需要的粒度搜索文本，不能将时长 15 分钟的视频对应的文本内容压缩到一个嵌入中！答案是将文本分成更小的摘录。

虽然可编写一个程序来获取文本，并通过创建文本块(包含一定数量的字符)或为每个句子创建一个向量来初步划分文本，但 LangChain 有一个智能化的文本划分器。LangChain 文档提供了文本划分器的链接：https://js.langchain.com/docs/modules/data_connection/document_transformers/。

文本划分器的大致工作步骤如下：
- 将文本划分为语义上有意义的小块。
- 开始将这些小块组合成一个更大的块，直到达到预定的大小(用某个功能测量)。
- 一旦达到预定的大小，就将相应的块转变成独立的文本，然后开始创建新块(为了保持块之间的联系，在一定程度上有重叠)。

这意味着，可沿两个不同的轴自定义文本划分器：
- 如何划分文本。
- 如何测量块大小。

使用 chunk_size 指定每个文本块的最大字符数，使用 chunk_overlap 变量指定文本块之间的重叠字符数。length_function 是内置的 Python 函数，用于计算字符串的长度。add_start_index=True 表示每个块都有一个索引。索引有助于跟踪原始文本中每一部分的位置，这是我们需要的。

```
from langchain.text_splitter import
```

3.5 构建数据集

接下来开始构建自己的数据集，此后将实现一个管道用于获取 YouTube 新视频的文本记录(即从视频转录的文字)。从知名数据科学视频博主的文本记录的静态集合开始。从 16 个不同视频中获得文字记录。其中包括 Josh Starmer(StatQuest)、Ken Jee、Kate Strachnyi(DATAcated)和我自己 (Kristen Kehrer；但声明一下，我还没有成为知名的视频博主)。使用 Pytube 库加载文本记录，包括相关的元数据。我们希望为这个项目保留的元数据是视频的标题和作者。本书中的示例代码地址如下：

https://github.com/machine-learning-upgrade

为了看一下原始文本记录是什么样子的，首先使用 pip 命令来安装 LangChain (Python 的包安装程序)。然后将 URL 传递给 YoutubeLoader 并加载文本记录。此代码片段直接来自 LangChain 文档：

https://python.langchain.com/docs/integrations/document_loaders/youtube_transcript

要获取单个 YouTube 视频的文本记录，可使用以下代码：

```
!pip install youtube-transcript-api==0.6.1 langchain
==0.0.335 pytube==15.0.0

from langchain.document_loaders import YoutubeLoader

loader = YoutubeLoader.from_youtube_url(
    "https://www.youtube.com/watch?v=Q4OBx3S0Ysw
&t=118s", add_video_info=True
)

data = loader.load()
data[0].page_content
```

现在，你将能看到传递的任何 YouTube 视频的文本记录以及元数据。输出中显示了文本记录、标题、作者、观看次数、发布日期、时间和视频长度。我们关注的内容包括文本、标题和作者。这样,就可以找到包含关注的信息的特定视频。为此,需要将这些文本记录存储在数据库中。

可根据具体用例,为文本数据选择向量数据库、图数据库或关系数据库。如果看重的是语义理解和相似度搜索,向量数据库是不错的选择,对高维文本数据而言尤其如此。云提供商还可能提供数据库选项,如使用向量嵌入功能。如果你要捕获复杂关系并执行网络分析,或数据自然具有图结构,请选择图数据库。为了关系明确的结构化文本数据选择关系数据库。

对本书的案例而言,由于将文本数据用于 LLM 用例,关注的是对输出的语义理解,因此将使用向量数据库。数据将进入项目的向量数据库。首先,需要做一些处理。目前,如果为此创建一个嵌入,整个文字记录将位于一个向量嵌入中。为以需要的粒度搜索文本,不能将时长 15 分钟的视频对应的文本内容压缩到一个嵌入中!答案是将文本分成更小的摘录。

虽然可编写一个程序来获取文本,并通过创建文本块(包含一定数量的字符)或为每个句子创建一个向量来初步划分文本,但 LangChain 有一个智能化的文本划分器。LangChain 文档提供了文本划分器的链接:
https://js.langchain.com/docs/modules/data_connection/document_transformers/。

文本划分器的大致工作步骤如下:
- 将文本划分为语义上有意义的小块。
- 开始将这些小块组合成一个更大的块,直到达到预定的大小(用某个功能测量)。
- 一旦达到预定的大小,就将相应的块转变成独立的文本,然后开始创建新块(为了保持块之间的联系,在一定程度上有重叠)。

这意味着,可沿两个不同的轴自定义文本划分器:
- 如何划分文本。
- 如何测量块大小。

使用 chunk_size 指定每个文本块的最大字符数,使用 chunk_overlap 变量指定文本块之间的重叠字符数。length_function 是内置的 Python 函数,用于计算字符串的长度。add_start_index=True 表示每个块都有一个索引。索引有助于跟踪原始文本中每一部分的位置,这是我们需要的。

```
from langchain.text_splitter import
```

```
RecursiveCharacterTextSplitter
text_splitter = RecursiveCharacterTextSplitter(
  chunk_size = 1000,
  chunk_overlap = 50,
  length_function = len,
  add_start_index = True,
)

texts = text_splitter.create_documents([data[0].
page_content])

## Inspect the different pieces of text
print(texts[0])
print(texts[1])
print(texts[2])
```

现在，就可将文本分成更小的部分了。每个文本字符串都需要转换为一个向量。为此，需要选择一种机器学习算法来创建嵌入。

3.5.1 使用向量数据库

使用向量数据库时，需要选择一个索引、一个创建嵌入的方法(确定当前位置)，而且需要测量距离 (用来计算向量的相似程度)。

选择索引时，通常需要考虑三个不同的因素，并加以权衡：速度、内存和准确性。根据需要，可针对这些因素中的任何一个进行优化。例如，量化索引的准确度较低，但又小又快。

索引的类型有多种。

- 基于树的索引：基于树的索引用二叉搜索树来快速搜索高维空间。构建树，将相同子树中的相似数据点分组，以便在高维空间中更快地搜索。基于树的索引在低维数据中表现出色，但由于无法捕获数据复杂性，很难准确地表示高维数据。一个例子是 Spotify 的 ANNOY。
- 基于图的索引：基于图的索引表示图中的数据点；其中节点表示数据值，边表示节点的相似度。这些索引通过 ANN(Approximate

Nearest Neighbor，近似最近邻)搜索算法将相似的数据点连接起来，在节省内存的前提下，在高维数据中找到近似最近邻。一个例子是HNSW。
- 基于哈希的索引：将高维数据缩减为低维哈希码，保持原始相似度。与传统哈希相比，在索引编制过程中，会多次对数据集执行哈希操作，以增加相似点之间的冲突。用相同的函数对查询点执行哈希运算，从而能从同一哈希桶中快速检索。对大数据集而言，此类索引提高了查询速度，但牺牲了准确性。一个例子是局部敏感哈希(LSH)。
- 基于量化的索引：量化索引将现有索引(IVF、HNSW、Vamana)与压缩技术(如量化)结合起来，以减少内存使用并加快搜索速度。两种常见的量化方法是标量量化(SQ)和乘积量化(PQ)。

接下来，将基于数据创建向量嵌入。向量嵌入(实际数字的数组)允许模型捕捉语义。ML 模型创建嵌入，编码将使你能编写查询并找到语义上最相似的向量，然后将信息传递给模型。

1. 文本嵌入

嵌入允许你测量两个文本字符串的相关程度，可用于搜索、分类、推荐、聚类、异常检测和多样性测量等多种情形。

与过去为结构化数据选择算法的方式相比，为文本嵌入选择算法的方式发生了根本性变化。过去，是根据架构来区分不同的深度学习模型，但现在，会根据参数数量和训练数据来选择新模型。

例如，如果你将数据用于医疗用例，那么在训练中找到一个使用医疗数据的模型是有意义的。

Hugging Face 利用模型卡来帮助提供有关模型的信息。你可选择当前任务的类型、准备使用的库、用于训练的数据集、语言和许可证。目前，Hugging Face 上有 1300 多个用于完成 NLP 文本摘要的模型；做出选择后，你可按"下载最多"或"点赞最多"进行排名，并在网站上进一步了解相应的模型。

> Hugging Face 是一家维护 Transformer 的初创公司。Transformer 是用于处理语言模型的流行 Python 库，也是托管和共享数据集、模型和推理 API 的枢纽。

我们将选择 Zilliz 作为向量数据库来创建这些嵌入。Zilliz 是一个完美之选，因为它基于云，而且管理着 Milvus 数据库。Milvus 是一个免费、开源、可靠的向量数据库，用于存储、索引和处理由深度神经网络和其他机器学习模型生成的大量嵌入向量。有几个向量数据库，你可根据自己的需要从中选择。大多数云提供商还提供向量数据库或具有向量嵌入功能的数据库。图 3.1 显示了 Azure 中向量数据库的选项，详情可见 https://learn.microsoft.com/en-us/azure/cosmos-db/vector-database。

	Description
Azure Cosmos DB for Mongo DB vCore	Store your application data and vector embeddings together in a single MongoDB-compatible service featuring native support for vector search.
Azure Cosmos DB for PostgreSQL	Store your data and vectors together in a scalable PostgreSQL offering with native support for vector search.
Azure Cosmos DB for NoSQL with Azure AI Search	Augment your Azure Cosmos DB data with semantic and vector search capabilities of Azure AI Search.

图 3.1　Azure 中的向量数据库选项

2. 2024 年多项开源技术的对比

下面的对比数据由 Zilliz 的高级开发人员 Yujian Tang 提供。

表 3.1、表 3.2 和表 3.3 列出了常见向量数据库的各种属性，从中可看到开源的、专门构建的搜索引擎。此处不讨论闭源引擎(原因是相关信息不足)。

表 3.1　可扩展性

供应商	考虑因素					
	将存储与计算分离	将查询与插入分离	多副本	数据分片	原生云	在 GB 规模的数据上测试过
Milvus	是	是	是	动态分片	是	是
Chroma	否	否	否	无	否	否
Qdrant	否	否	是	静态分片	是	是
Weaviate	否	否	是	静态分片	是	否
Zilliz	是	是	是	是	是	是

表 3.2　功能

供应商	考虑因素					
	基于角色的访问控制	支持磁盘索引	筛选元数据	分区	多向量搜索	索引数量
Milvus	是	是	是	是	即将推出	11
Chroma	否	否	是	否	否	1
Qdrant	否	是	否	否	是	1
Weaviate	即将推出	是	否	否	是	1
Zilliz	是	是	是	是	即将推出	自动

表 3.3　向量搜索以外的其他功能

供应商	考虑因素				
	专门构建	可调节的一致性	支持流处理和批处理	支持二进制向量	SDK 语言
Milvus	是	是	是	是	Python、Go、Node、C++、Ruby
Chroma	是	否	否	否	Python、JavaScript
Qdrant	是	否	否	否	Python、Go、Rust
Weaviate	是	是	是	是	Python、Go、Java

(续表)

供应商	考虑因素				
	专门构建	可调节的一致性	支持流处理和批处理	支持二进制向量	SDK 语言
Zilliz	是	是	是	是	Python、Go、Node、C++、Ruby

接下来,你需要测量距离。以下是三种常见的测量。

- L2:这是欧几里得距离。L2 测量两个向量之间的距离。值的范围是 0 到无穷大,0 值意味着向量是相同的。
- 余弦相似度:测量两个向量之间角度的余弦值,不考虑向量的大小。余弦相似度值为-1~1。1 表示两个向量平行,0 表示两个向量垂直,-1 表示两个向量平行但方向相反。即使两个向量的欧几里得距离变大,两个向量之间仍能保持较小的夹角。
- 内积:测量两个向量之间的距离和角度(方向)。如果向量是 L2 归一化的,则内积和余弦相似度是相同的。

了解到索引、嵌入和距离测量后,可将数据加载到向量数据库中了。

3. Zilliz 简介

首先,将演示用硬编码的 YouTube URL 创建 Milvus 集合、模式定义和索引设置。在第 4 章中,将使用该应用程序获取 YouTube 视频,以执行与查询/用例相关的搜索。

下面简要描述代码。

- 设置 Milvus:脚本首先从 PyMilvus 导入基本模块,并定义常量,如集合名、嵌入维度、Zilliz 集群 URI 和 API 密钥。
- 连接:使用提供的 URI 和 API 密钥连接到 Zilliz 集群。
- 处理集合:脚本检查同名的现有集合,若存在,则将其删除。
- 定义模式:定义集合的字段,包括视频元数据(ID、标题、作者等)和嵌入向量。

- 创建集合：使用定义的模式创建名为 youtube 的 Milvus 集合。
- 创建索引：使用 AUTOINDEX 类型和内积(IP)为嵌入字段创建索引。

在深入研究前，需要获得 Zilliz 和 OpenAI 的 API 密钥。可访问 https://zilliz.com，单击 Log In，然后单击 Sign Up。在顶部的导航菜单中，将看到 API 密钥，可单击+ API Key 按钮来创建新密钥。

要创建 OpenAI 密钥，可访问 https://openai.com。在顶部的导航栏中，将看到一个 API 下拉列表。如果从下拉列表中选择 Overview，则可单击页面中间的 Get Started，开始创建账户。创建账户后，如果将鼠标悬停在左上角的 OpenAI 徽标上，将打开一个下拉列表，其中有一个 API Keys 选项。单击后，将能创建 API 密钥。

数据将采用 JSON 格式。如果你以前只使用表格数据，那么可能不熟悉 JSON 格式。JSON(JavaScript Object Notation)开辟了新路径，允许灵活、高效地处理不同的嵌套数据结构。JSON 是一种轻量级的、人类可读的数据交换格式，在 Web 上广泛用于存储和交换数据。

下面列出 JSON 的用途，以及给数据科学家带来的一些好处。

- 嵌套和灵活的结构：JSON 允许嵌套结构，从而适应复杂的数据关系。在处理分层或嵌套数据时，优势尤其明显。JSON 非常适于表示半结构化或非结构化数据，如社媒帖子、日志文件或 API 响应中的嵌套数据。
- 与 API 交换数据：JSON 是 Web 服务之间交换数据的标准格式。许多 API 都返回 JSON 格式的数据。
- 简化了对数据的研究和转换：JSON 采用人们易于阅读的格式，简化了数据的研究和转换。数据科学家可轻松查看数据结构，而且不依靠专门工具也可进行调整。
- 处理半结构化数据：JSON 非常适合表示半结构化数据(即并非所有记录都有相同字段)。在网页抓取或处理可变数据结构时，半结构化数据十分常见。
- 与 NoSQL 数据库的兼容性：许多 NoSQL 数据库(如 MongoDB)使用类似于 JSON 的结构来存储数据。了解 JSON 有助于与这些数据库进行无缝交互,使数据科学家能使用更广泛的数据存储解决方案。

首先安装依赖项,然后重新启动运行库。可单击 Google Colab 顶部的 Runtime,然后单击 Restart Session 来重新启动运行库。

```
!pip install \
  pymilvus==2.3.4 \
  langchain==0.0.352 \
  openai==1.6.1 \
  pytube==15.0.0 \
  youtube-transcript-api==0.6.1 \
  pyarrow==14.0.2 \
  typing_extensions==4.9.0 \
  comet-ml==3.35.5

# Restart the runtime after pip installing (CTRL + M)
# Otherwise, the runtime remembers the old version of
# pyArrow and causes issues for pyMilvus
```

现在,从 Pymilvus 导入一些库,从而可连接到数据库并创建集合和模式。在代码中,我们将定义变量,设置 YouTube URL 列表,创建与 Zilliz 集群的连接,创建集合,并为集合设置索引。

```
from pymilvus import (MilvusClient
                    , connections
                    , Collection
                    , CollectionSchema
                    , FieldSchema
                    , DataType
                    , utility)
import json

COLLECTION_NAME = 'youtube'
EMBEDDING_DIMENSION = 1536 # Embedding vector size in
this example
ZILLIZ_CLUSTER_URI = 'YOUR ZILLIZ URI# Endpoint URI
obtained from Zilliz Cloud
ZILLIZ_API_KEY = 'YOUR ZILLIZ API KEY'
```

```python
YT_VIDEO_URLS = [
    "https://www.youtube.com/watch?v=Q4OBx3S0Ysw&t=118s",
    "https://youtu.be/4OZip0cgOho?si=KHUsA4J8L3rbZAAZ"]

# Connect to the zilliz cluster
connections.connect(uri=ZILLIZ_CLUSTER_URI, token=ZILLIZ_API_KEY, secure=True)

client = MilvusClient(
    uri=ZILLIZ_CLUSTER_URI,
    token=ZILLIZ_API_KEY)

# Remove any previous collections with the same name
if utility.has_collection(COLLECTION_NAME):
    utility.drop_collection(COLLECTION_NAME)

# Create collection which includes the id, title, and embedding.
fields = [
  FieldSchema(name='id', dtype=DataType.VARCHAR, is_primary=True, auto_id=False, max_length=36),
  FieldSchema(name='video_id', dtype=DataType.INT64,),
  FieldSchema(name='title', dtype=DataType.VARCHAR, description='Title texts', max_length=500),
  FieldSchema(name='author', dtype=DataType.VARCHAR, description='Author', max_length=200),
  FieldSchema(name='part_id', dtype=DataType.INT64),
  FieldSchema(name='max_part_id', dtype=DataType.INT64),
  FieldSchema(name='text', dtype=DataType.VARCHAR, description='Text of chunk', max_length=2000),
  FieldSchema(name='embedding', dtype=DataType.FLOAT_VECTOR, description='Embedding vectors', dim=EMBEDDING_DIMENSION)
]
```

```
schema = CollectionSchema(fields=fields)

collection = Collection(name=COLLECTION_NAME,
schema=schema)

# Create an index for the collection.
index_params = {
    'index_type': 'AUTOINDEX',
    'metric_type': 'IP',
    'params': {}
}

collection.create_index(field_name="embedding",
index_params=index_params)
```

接下来，将用文本划分器将此文本划分为块，并用 OpenAI 的 text-embedding-ada-002 模型创建嵌入。此后将这些数据加载到数据库中。其他流行的嵌入模型包括 Babbage、Curie 和 Davinci。注意，之前代码中的 EMBEDDING_DIMENSION 设置为 1536 个维度；这是 davinci-001 嵌入模型大小的八分之一，这意味着在使用向量数据库时，将更具成本效益。

```
from langchain.text_splitter import
RecursiveCharacterTextSplitter
import openai
from openai import OpenAI
from pymilvus import MilvusClient, connections
from uuid import uuid4
from langchain.document_loaders import YoutubeLoader
import youtube_transcript_api
import pytube

connections.connect(uri=ZILLIZ_CLUSTER_URI,
token=ZILLIZ_API_KEY, secure=True)

client = MilvusClient(
    uri=ZILLIZ_CLUSTER_URI,
    token=ZILLIZ_API_KEY)
```

```python
openai_client = OpenAI(
    # defaults to os.environ.get("OPENAI_API_KEY")
    api_key="YOUR OPENAI API KEY",
)

# Extract embedding from text using OpenAI
string -> vector

# This function is directly from https://docs.zilliz.
# com/docs/similarity-search-with-zilliz-cloud-and-
# openai, but with "text-embedding-ada-002"added.
def create_embedding_from_string(text):
    return openai_client.embeddings.create(
        input=text,
        model='text-embedding-ada-002').data[0].embedding

text_splitter = RecursiveCharacterTextSplitter(
  chunk_size = 1000,
  chunk_overlap = 50,
  length_function = len,
  add_start_index = True,
)

for video_id, url in enumerate(YT_VIDEO_URLS):

  yt_data = YoutubeLoader.from_youtube_url(url, add_video_info=True).load()[0]
  video_parts = text_splitter.create_documents([yt_data.page_content])

  for part_id, part in enumerate(video_parts):
    id = str(uuid4())
    print(f'uplading document {id}... {yt_data.metadata["title"]}')
        client.insert(
          collection_name=COLLECTION_NAME,
          data={
            'id': id,
```

```
            'video_id': video_id,
            'title': yt_data.metadata['title'],
            'author': yt_data.metadata['author'],
            'part_id': part_id,
            'max_part_id': len(video_parts),
            'text': part.page_content,
            'embedding': create_embedding_from_
string(part.page_content)
        })
```

将数据插入集合中。插入后,需要找到集群(cluster)以导航到 Zilliz 网站上的 YouTube 集合。

为此,访问 https://cloud.zilliz.com/orgs,单击 Content Creation,如图 3.2 所示。

图 3.2　单击 Content Creation

然后单击项目(见图 3.3)。

图 3.3　单击项目

接下来,选择 machine-learning-upgrade 集群(见图 3.4),然后单击

youtube(见图 3.5)。此后可找到一个 Data Preview 选项卡,如图 3.6 所示。

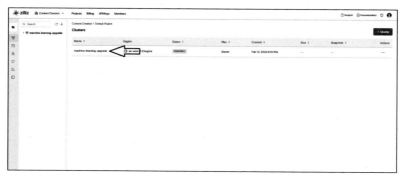

图 3.4　选择 machine-learning-upgrade 集群

图 3.5　单击 youtube

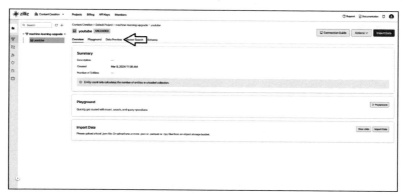

图 3.6　Data Preview 选项卡

如图 3.7 所示，将在右侧看到一个 Load Collection 按钮，单击该按钮可预览数据。

图 3.7 单击 Load Collection 按钮来预览数据

接下来单击 Load Data 按钮。通过单击按钮来手动加载数据是一个不错的功能，这样在重新运行 cell 时就不会复制数据。对于下一段代码，还需要从 OpenAI 获取 API 密钥，如图 3.8 所示。

图 3.8 通过 Zilliz 查看 YouTube 数据

这样就有了嵌入，数据存储在向量数据库中。下一步创建数据工件。将用整个数据集设置一个数据工件。如果未使用整个数据集执行查询，则为查询创建一个嵌入，然后用所选的距离指标来查找语义最相似的向量。为获得总数据集，使用 title="none" 来查询视频的数据。可在没有标题的情况下将视频添加到 YouTube，因此本示例无法扩展，但可达到创建数据工件的目的。

为了查询所有嵌入和元数据，我们想要进行跟踪并将结果存储为 JSON，如下所示：

```
results = collection.query(
   expr='title != "none"',
   output_fields=['title', 'author', 'part_id', 'max_part_id', 'text'])
with open('data.json', 'w') as file:
  file.write(json.dumps(results, indent=2))
```

一旦数据最终处于可用状态，需要对数据进行版本控制，生成数据工件，这样即可在未来再现结果。

3.5.2 数据版本控制和管理

无论何时为新项目收集数据，都要对数据进行版本控制。笔者开发的第一个计算机视觉项目十分简单，是私家项目，用于检测接孩子的校车驶近自家时的情况。接孩子前，校车必定经过我家然后折返，所以如果系统第一次看到校车时能给我发短信，我在孩子出门前 5 分钟得到提醒，那该有多棒！

为构建数据集，笔者用手机拍摄了一段校车经过时的视频，将画面转换为图像帧，然后加上注释。起初，笔者对该模型的表现并不满意，于是一直进行思考和改进。

接下来，我从网上下载了多幅校车图片。后来了解到，从中为模型引入的颜色和方向等信息与模型看到的信息不符。于是，模型依然无法取得成功。

第三次尝试时，笔者用相机进行日常检测，以创建训练数据。第三个数据集成为赢家。现在，有了一个成功的数据集，但数据与丢失的数据集一并存储在多个文件夹中。短期内，这无关紧要——笔者知道哪些照片是正确的，但从长远看，这令人恼火。在孩子参加夏令营期间，笔者将项目搁置了。两个月后，孩子复学，笔者决定重启项目，但不知道正确数据在哪里。

一开始就要正确设置项目数据，以免在以后试图找出训练模型的数据版本时浪费时间。由于机器学习和人工智能迭代频繁，数据集通常会经历多次迭代，可能添加新功能，找到操纵数据的新方法，或找到需要纳入的新数据。项目使用的所有资产(首当其冲是数据)都需要进行跟踪和记录。

更广泛来讲，数据版本控制有以下几个好处。

- 可追溯：跟踪并了解数据随时间的变化。这对于高度监管行业的合规性、审计和调试尤为重要。
- 可再现：通过跟踪以前版本的数据，可以再现结果。这确保了研究的一致性和准确性，并建立对决策的信任感。
- 协作：多个用户可处理和访问同一数据集，并找到正确的版本来再现结果。
- 数据恢复：如果出现错误或数据损坏，数据版本控制会提供以前版本的备份。

然而，对数据进行版本控制并非易事。Git 是最流行的代码版本控制工具。它高效地跟踪代码更改，推动协作，可维护代码库的历史记录。然而，当涉及数据版本控制时，Git 的局限性就暴露无遗。大型数据集会迅速膨胀，挤占仓库的空间，使其变得笨拙。此外，Git 本身并不能跟踪数据文件中的更改，你只能结合使用 Git LFS(大文件存储)来管理大文件。

此时，必须部署专门的数据版本控制工具。使用数据管理工具，可轻松地对数据集进行版本控制，跟踪数据血缘(data lineage)，同时防止 Git 仓库变得臃肿不堪。下面将介绍数据工件(artifact)和数据血缘。

- 数据工件：这是一个广义的术语。数据工件是存储的数据集合。可能是训练集，也可能是参数、超参数、源代码、日志和依赖项等元数据。

- **数据血缘**：就像一幅地图，显示出数据的来源，数据在生命周期中是如何变化的，以及数据在哪里被使用(如用于训练模型或用于模型注册表中的某个模型)。

可通过数据集版本来确定实验结果。跟踪数据血缘，有助于你了解数据随时间的变化。在训练和运行模型时，可通过数据集版本，来确定差异，分析起因，比如"嘿，什么导致了这两个模型之间的准确性差异？哦，原来是我们在此次训练之前添加了数据"。

图 3.9 显示了对数据血缘的跟踪。从中可看到模型在哪一次运行中使用了哪些数据。数据是一种工件。在下面的数据血缘示例中，有一个工件是.pkl(pickle 文件)；pickle 文件是 Python 特有的，是 Python 对象的序列化二进制表示。实验(experiment)指对模型进行的训练。你可看到运行的训练及其涉及的数据。对图中的模型进行实验性训练，确定是否添加到模型注册表中。通常，一旦最终决定将某个模型投入生产，就可将该模型移到注册表。

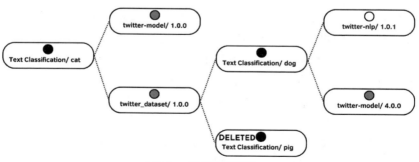

图 3.9　数据血缘模型

你会注意到，尽管其中一次训练已被删除，但仍有一条记录表明它已被删除。"猫(cat)""狗(dog)"和"猪(pig)"是虚构的名字。在实验跟踪工具中，每次运行的名称都是随机生成和分配的，但你可重命名模型。

协作是数据项目取得成功的另一个关键因素。某个团队成员可能更换了角色，也可能去度假。通过数据版本控制，不同团队成员可访问和使用相同的数据版本，确保一致性并减少混淆机会。这种协作环境优化了团队合作，避免了因为某个同事的离开使整个团队陷入困境的风险。

Comet、DVC 和其他用于数据版本控制的工具弥合了这一差距，使数据专业人员能对数据集进行版本控制，确保可再现性，并无缝协作。专门的数据版本控制工具为更强大、更高效的数据工作流奠定了基础。

3.5.3　开始使用数据版本控制工具

这里将用 Comet 的社区版本来说明数据版本控制。利用数据版本控制解决方案，能无缝跟踪与机器学习生命周期相关的任何数据。笔者曾为 Comet 工作过，因此对笔者来说，该工具是自然之选。DVC 是数据版本控制和管理的另一种流行选择，而且是开源的。

首先用 Comet 创建一个账户，并获取 API 密钥。可在此处参考快速入门指南：https://www.comet.com/docs/v2/guides/gettingstarted/quickstart。

要查找 Comet API 密钥，请单击 https://comet.com 网站右上角的用户名，然后从下拉表中选择 Account Setting，你将在 Account Settings 页面右侧看到 API Keys 选项。

```
## First, we'll pip install the Comet library
!pip install comet_ml

## import comet_ml
from comet_ml import Experiment

## Create an experiment with your api key
experiment = Experiment(
    api_key='[YOUR_COMET_API_KEY]',
    project_name='youtube_transcriptions',
    workspace='[YOUR_COMET_USERNAME]'
)
```

运行此代码。通过单击左上角的 Comet 徽标，可设置一个名为 youtube_transcriptions 的项目。这将被视为一次实验运行，但不会有任何东西，因为你什么都没做。当开始跟踪模型运行状况时，只要将 Comet 与框架集成，在代码顶部使用此 Experiment 函数将自动跟踪与模型相关的所有内容框架集成(见图 3.10)。

图 3.10　Comet 仪表盘

在 Comet 项目页面左上角，可看到 Artifact 为 0。你即将添加第一个工件。为了维护数据血缘，确保清晰地理解机器学习实验中使用的数据，工件至关重要。这些工件将存在于 Comet Workspace 级别，由唯一的名称标识。它们提供了管理多个数据版本的灵活性，提供了数据集及其演变的详细历史记录。

要添加工件，需要完成三个步骤。可访问 https://www.comet.com/docs/v2/api-and-sdk/python-sdk/artifacts-overview/#:~:text=To%20log%20an%20Artifact%2C%20you,Comet%20through%20the%20Experiment%20object，来查看对 Comet Python SDK 的解释。

(1) 创建工件版本：你将创建一个工件实例，并指定版本号、别名、元数据和版本标签。如果未指定版本号，Comet 将自动递增到下一个主要版本。

(2) 添加文件和文件夹：此时，可用称为"工件资产"的文件和文件夹填充工件版本了。资产可分为工件资产和远程工件资产。前者包含文件夹和文件,其中有上传到 Comet 的内容;后者存储对数据的引用,不包含内容本身。如果你将 GCS 或 S3 存储桶路径作为远程工件资产处理,Comet 将跟踪所有文件;虽然不会另外上传数据,但便于你跟踪数据血缘。

(3) 将工件记录到 Comet:为将工件发送到 Comet,可使用 experiment.log_artifact(artifact)方法。

要添加工件,可能需要在 Google Colab 中重新运行以前的 cell。在那里,需要运行以下语句:

```
artifact = Artifact(name="milvus-query-
results",

artifact_type="dataset")
artifact.add("data.json")

experiment.log_artifact(artifact)
experiment.end()
```

现在,已将数据存储为工件,如图 3.11 所示。从图中可以看到,我已经运行过几次,版本由 Comet 自动管理。

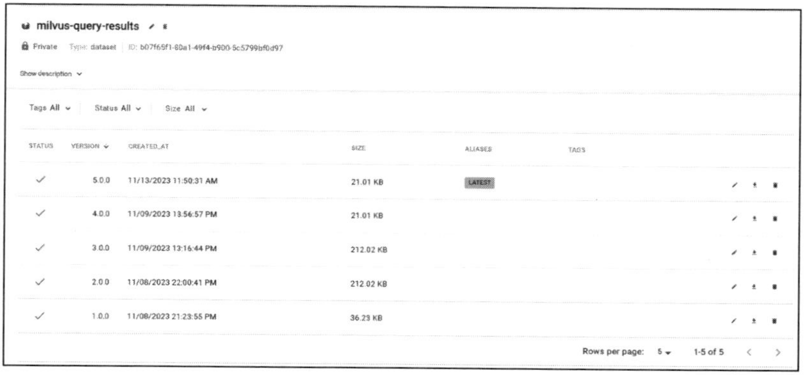

图 3.11 将数据存储为工件

如果单击最新版本,将可选择单击和查看元数据或血缘;如果单击该文件,将预览到 JSON 格式的数据。祝贺你!刚才已创建了第一个数据工件(见图 3.12)。

图 3.12　JSON 格式的数据工件

如图 3.13 所示，如果单击 data.json，将看到存储的 JSON 格式的数据工件。

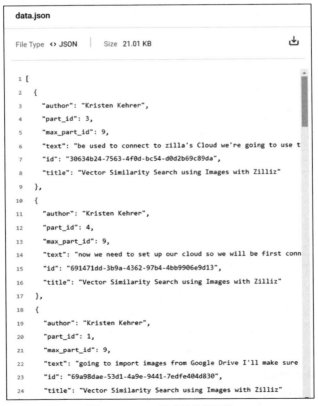

图 3.13　JSON 格式的数据工件

将在这些工件的基础上，执行机器学习任务。在行业中，为了准备数据进行分析，需要完成很多工作，并非仅抓取几个 YouTube 链接。数据工程提供了工具，来管理、清洗原始数据，进行提纯和优化。对数据科学家来说，这些都是十分有意义的做法，以保证分析过程顺畅进行，避免出现数据孤岛、不一致的情形，最终提高工作效率。

3.6　适度了解数据工程知识

作为本书的读者，你不需要成为 CI/CD (持续集成/持续交付)领域的专家，但了解数据工程原理在数据科学中至关重要。

通过本章的学习，你可以了解到数据是所有机器学习项目中最关键的方面。数据工程是数据科学项目取得成功的支柱。数据工程师必须确保数据是可访问的，是纯净和有序的，以使数据科学家能专心完成核心工作。

数据工程遵循几个基本原则，如数据质量、转换和集成。这些原则对于构建可靠和可扩展的数据管道至关重要。

- 数据质量：确保数据的准确性和一致性至关重要。脏数据或错误数据会显著降低机器学习模型的质量。
- 数据转换：数据必须转换为正确的格式、结构和模式，以便进行分析和建模。
- 数据集成：数据工程师集成各个来源(包括数据库、API 和流媒体平台)的数据。
- 可扩展性：随着数据量的增加，扩展数据管道的能力至关重要。为此，你需要了解 Apache Spark 等分布式计算框架。

数据工程师广泛依靠 CI/CD，来自动构建、测试和部署数据管道。

数据科学家负责创建具有洞察力和预测能力的机器学习模型。主要职责是理解数据、开发模型和解释结果。虽然不需要成为 CI/CD 专家，也不必负责管理基础架构，但应该完成以下工作。

- 就模型需求和数据需求，与数据工程师进行合作，开展有效沟通。

- 了解模型的部署过程，与 DevOps 或数据工程团队密切合作，确保顺畅地部署模型。

通过了解部署过程，了解这项工作如何融入更广泛的数据生态系统，你可以更明智地确定项目范围和可行方案。

数据是建模项目中最重要的资产。数据工程通常是提供这些数据的"无名英雄"。此后，你负责监控偏差，对数据进行版本控制(获得可再现能力)，选择适当的工具来处理数据，越来越频繁地利用已在自己的数据集上训练过的机器学习算法。在数据准备就绪后，将在第 4 章讨论如何利用 LLM。

第 *4* 章

LLM

到目前为止，本书介绍的大部分内容都是概念性的，在一些示例项目的引导下向你灌输关键思想。在本章中，你将开始更多地动手使用模型。本章将重点介绍 LLM(大语言模型)，将讲述实验管理、模型选择、LLM 推理、微调等基础知识。在整个过程中，你将了解提示工程，构建自己的框架来执行推理。

学习本章的各个主题时，将应用以 MLOps 为重点的方法。例如，进行微调时，不会只专注于提高模型的性能，还将探索尽量减少微调的计算成本的策略。

我们首先将选择 LLM。

4.1 选择 LLM

无论在传统的机器学习领域，还是在 LLM 领域，模型的选择很大程度上都与数据相关。例如，在较小的数据集上使用增强树可能导致过拟合，而在高维数据集上尝试简单的逻辑回归几乎肯定会导致性能不佳。数据的特定质量将决定哪些 LLM 在你的任务中的性能表现良好。

在传统机器学习的建模阶段，需要对模型架构进行大量实验，从而给定的约束下，发现一种在数据集中找到最多信号的特定架构。根据 NFL(No Free Lunch)理论，特定任务有一个独特的、最优的模型；选择一种架构而非另一种架构时，性能会大幅波动。

> NFL 定理表明，如果将所有可能的问题一律考虑在内，没有任何优化算法始终比其他算法表现得更好(可参见 https://ieeexplore.ieee.org/document/585893)。数学家 David Wolpert 和 William Macready 于 1997 年提出了这一定理，指出算法的性能与所应用的问题的特定性质具有内在的联系。本质上，NFL 定理认为，如果某算法在解决一类问题时表现优异，那么，必然不能高效地解决其他问题。多年来，这种思维方式使机器学习研究人员产生了这样的直觉：神经网络是解决所有问题的次好方法。

但对于 LLM，情况有所不同。在 21 世纪的前 10 年，研究人员开始推动这样一种观点：虽然 NFL 定理在数学上是合理的，但它被计算机领域的许多人误解了，实际上，有必要构建通用模型。

大语言模型是个多面手。截至本书撰写之时，OpenAI 的 GPT-4 在完成许多不同的任务时，基准测试分数都是最高的。即使在机器翻译等高度专业化的任务中，GPT-4 也能与专用的翻译软件一较高下，在语言配对方面的表现尤其亮眼。自 2018 年 GPT-2 发行以来，GPT 的多面手趋势一直十分明显，在可见的未来，也没有放缓的迹象。固然，在有些情况下，GPT-4 这样的大型基础模型的表现并非最拔尖，稍后会对此进行深入探讨；但总体而言，最适合你的当前任务的模型很可能就是最适用于大多数其他任务的模型。

> **语言模型是无监督的多任务学习者**
>
> OpenAI Research 的开创性论文"语言模型是无监督的多任务学习者"介绍了 GPT-2，这是语言模型发展过程中的一个重要里程碑。2018 年，业内又发表了几篇具有里程碑意义的论文，重点研究了为下游任务微调大型预训练语言模型的有效性。OpenAI 的论文"用无监督学习来更好地理解语言"介绍了 GPT-2 的前身。Jeremy Howard 和 Sebastian Ruder 的论文介绍了 ULMFiT(通用语言模型微调)的思想。

> 2019 年，OpenAI 团队发布了一篇语言模型论文，指出一个足够大的语言模型可有效地完成多个下游任务，而无需任何微调。论文中详细介绍了 GPT-2 的架构和训练过程。这个基于 transformer 的大规模模型有 15 亿个参数，在各种 Internet 文本上进行了训练。这种训练方法使 GPT-2 对语言和上下文有了广泛的理解，使其能跨各种主题和风格生成连贯且与上下文相关的文本。它能在没有特定训练的情况下适应不同的任务(如文本完成、翻译、摘要，甚至是基本对话)，这使它有别于早期模型。这种多任务处理能力为 GPT-4 等更灵活、更全面的人工智能语言系统铺平了道路。

GPT-4 在相关基准测试中得分最高，但也有例外情形；例如，如果你在医疗保健等行业工作，无法与第三方供应商共享患者的医疗数据，那么你需要更谨慎地使用 GPT-4，因为你只能通过 OpenAI 的 API 访问 GPT-4。然而，通过微调和工程的正确组合，即使你的模型不具备与 GPT-4 同样强大的功能，也能从自己托管的模型中获得所需的性能水准。

换言之，在选择 LLM 时，你无法通过简单的准确度指标来识别"最佳"模型。你必须根据一套复杂的标准来评估模型，具体包括隐私问题、推理速度、可用的训练数据和预算等因素。

评估时，应当分析项目中与 ML 相关的每个组件，并提出一系列问题：
- 我需要执行哪种类型的推理？
- 这项任务是通用的还是专用的？
- 数据的隐私级别有多高？
- 该模型需要多高的成本？

在 YouTube 检索项目中，下面逐一分析以上问题，选出"最佳"模型。

4.1.1 我需要执行哪种类型的推理

在 YouTube 检索项目中，需要完成以下推理任务：
- 为文本记录生成嵌入。
- 生成 YouTube 搜索查询。

- 针对文档进行问答。

从产品层面看,用户期望当他们输入问题时,会较快地看到答案。这意味着我们需要实时地执行按需推理。无法在离线时按计划批量进行推理;我们需要一个高度可用的模型。

是使用第三方 API(如 GPT-4),还是在云架构上部署自己的能实时执行大量推理的 LLM?为了在两者之间做出选择,我们继续提问和思考。

4.1.2 这项任务是通用的还是专用的

有些产品(如毒性检测仪)需要完成十分专业的任务,非常适合微调。你可用较小的预训练语言模型,创建一个带有"有毒"或"无毒"标签的文本数据集,并微调模型,对文本进行分类,从而得到满意的结果。其他任务则更通用,需要高度灵活的模型。

我们的 YouTube 检索项目中的"问答"是通用性质的任务。用户可能提出涉及数学或外语的多类问题,模型必须理解这些问题的含义。这进一步限制了我们的模型选择范围。GPT-4 等托管基础模型仍然是一种选择;而如果我们选择部署自己的模型,则必须选择一个足够大的模型来处理这种复杂任务。对本项目而言,GPT4All(可从 GPT4All.io 访问)是绝佳之选,提供了一个可供你在本地使用的模型列表,而且该列表在持续更新。

4.1.3 数据的隐私级别有多高

本书不会深入探讨隐私监管的话题,因为这是一个动态变化的领域;不同国家,甚至同一个国家的不同地区,以及不同的行业,对隐私的监管力度各不相同。但无论你身处何处,评估项目隐私问题的最佳方式是查看系统的每个组件,分析所需的数据,确定是否有任何数据受到法规保护,确定你对用户数据拥有哪些使用权限。例如,对于电子商务网站而言,在客户填写打印在名片上的信息时,可能需要专门询问客户是否允许使用这些数据。

如果认定应用程序的 UI 会警告用户不要在查询中输入任何个人身份信息,这里就不必担心了。文档是从公开的 YouTube 视频中生成的,你未在任何地方存储用户信息。

但是，如果数据确实包含受监管保护的 PII (个人身份信息)，则必须进行大幅修改或首先清除 PII，否则无法将这些数据与第三方 API 一起使用。具体情况因用例而异。

4.1.4　该模型需要多高的成本

回答了前三个关于推理、开放性和隐私的问题后，我们只剩下以下两个选择。

- 将包含数十亿个参数的模型部署到云基础设施上，以获得足够的计算资源执行实时推理。
- 使用托管的基础模型，如 Anthropic 的 Claude 或 OpenAI 的 GPT-4。

为在二者之间做出选择，我们需要比较一下成本。假设该应用程序平均每天服务于 1000 名活跃用户。这些用户平均每天执行 30 次搜索。平均搜索长度约为 50 个词元，平均响应长度约为 250 个词元。

在撰写本书之时，Azure OpenAI API 的 GPT-4 Turbo 每 1000 个输入词元(一个词元大约为 4 个字符)收费 0.01 美元，每 1000 个输出词元收费 0.03 美元。这样，平均搜索成本为 0.008 美元。一个用户平均每天执行 30 次搜索，需要花费 0.24 美元。每天有 1000 名活跃用户，因此每天的费用是 240 美元。算下来，一个月的费用是 7200 美元。

再来分析一下将模型部署到云基础设施时的成本。只需要看一下托管模型和执行推理所需的计算资源的价格。注意，在实际生产环境中，可能为自动缩放和故障管理等部署额外的服务和资源，从而产生额外成本。

在 AWS 上托管 700 亿参数的模型的推荐实例类型是 g5.48xlarge。此实例配备 192 GB 的 GPU 内存，如果你通过 AWS SageMaker 运行它，每小时需要支付 20 美元，每天 480 美元，每月 14400 美元。因为我们有如此多的日常活跃用户，几乎肯定需要在高峰时段运行多个实例。即使平均每小时只运行两个实例，平均每月成本也会跃升至 28800 美元。

由以上的比较可知，我们项目的明显应当选用 GPT-4。现在，下面开始实际试用该模型。

4.2 LLM 实验管理

在本节中，你将学习如何以有意义的方式在语言模型上井井有条地运行实验。这对 LLM 来说尤其困难。使用传统的机器学习模型，你通常可建立一个数值目标(如准确性或精度)，据此进行优化。然而，考虑到 LLM 任务的复杂性和开放性，在实验中难以简单地度量性能。不过，使用正确的工具和技术，你可有效地尝试 LLM，以提高系统的整体性能。

> 在机器学习领域，"实验"是一个较模糊的术语，指的是"训练一个良好模型的一次尝试"。诸如 Comet 的实验管理工具为所有训练数据和输出(包括数据集、超参数、指标、工件、模型甚至训练代码)提供版本控制。保留这些数据后，你可研究模型并可靠地再现任何实验。

在 Comet 等实验管理工具发布之前，很少有团队以可再现的方式进行统计分析和机器学习研究。通常使用电子表格跟踪训练过程。代码在 Notebook 运行，保存在本地，很少标准化。用于对实际训练工件(如模型本身)进行版本控制的系统数量极少，且系统笨拙，采用率很低。数据科学家通过电子邮件共享模型，通常不记录数据集版本、训练代码或用于训练模型的参数之间的链接。这并非是数据科学团队懒惰或天真，只是无力做到。诸如 Git 的版本控制系统在机器学习方面效果不佳，因为数据集和模型是庞大的不可读文件。由于 Notebook 带有盖子，很难进行有意义的版本控制。要想追踪数据集的血缘、每次训练的参数、使用的代码、实施的系统训练及训练中涉及的其他所有变量，实际上极难办到，超出了软件工程中的传统版本控制系统的能力范围。直到 2015 年左右，供应商才开始找到解决这个复杂问题的方案。

在下面的练习中，你将在推理上下文中进行实验管理。这有点背离传统做法，但由于你正在使用 LLM，采用这种方法是有道理的。使用 LLM 时，你通常会构建复杂的推理管道，以及微妙的提示策略。构建这样一个推理管道需要一种迭代方法，以生成可再现的结果。因此，自然应当采用实验管理方案。

首先，将设置推理模型。创建一些函数与 API 交互并生成提示。可使用诸如 LangChain 的工具，但在本项目中，你将从头开始实现函数，弄个水落石出。

下面创建一些字典来保存提示模板——这些基本上是用于提示模型的模板字符串，然后创建一个函数来动态生成提示。

```
##Define a dictionary containing prompts for different types of queries
PROMPTS = {
    "math": """Please answer the following mathematics question. If you don't know the answer, respond "I don't know." \n Question: {question}"""
}
##Define system prompts associated with different prompt types
SYSTEM_PROMPTS = {
    "math": "You are a helpful assistant who solves math problems for users."
}
##Function to generate message for the AI chat system
def generate_messages(prompt_id, system_prompt_id = None, prompt_variables = {}):
    user_prompt = PROMPTS[prompt_id].format(**prompt_variables)
    system_prompt = SYSTEM_PROMPTS[prompt_id] if system_prompt_id is None else SYSTEM_PROMPTS[system_prompt_id]
    ##Return system and user messages in a list format
    return [
        {"role": "system", "content": system_prompt},
        {"role": "user", "content": user_prompt}
    ]
```

此后编写一个函数，与 GPT-4 API 进行交互。

```
from openai import OpenAI
import comet_llm
openai_client = OpenAI(api_key="YOUR-API-KEY")
comet_llm.init(api_key="YOUR-COMET-API-KEY")
```

```python
def get_completion(
    prompt_id,
    system_prompt_id = None,
    prompt_variables = None,
    model="gpt-4-1106-preview",
    temperature=0,
    max_tokens=2000,
):

##Generate messages using the provided inputs
    messages = generate_messages(prompt_id, system_prompt_id, prompt_variables)
##Call an OpenAI function to get completions based on the generated messages.
    response = openai_client.chat.completions.create(
        model=model,
        messages=messages,
        temperature=temperature,
        max_tokens=max_tokens,
    )
##Log the prompt, completion, and related metadata
    comet_llm.log_prompt(
        prompt=messages[1]['content'],
        prompt_template=PROMPTS[prompt_id],
        prompt_template_variables=prompt_variables,
        metadata= {
            "usage.prompt_tokens": response.usage.prompt_tokens,
            "usage.completion_tokens": response.usage.completion_tokens,
            "usage.total_tokens": response.usage.total_tokens,
            "system_fingerprint" response.system_fingerprint
        },
        output=response.choices[0].message.content,
    )
##return the response
    return response.choices[0].message.content
```

你可根据需要调整任何参数，包括模型。例如在设置阶段，你可能在排除大大小小的错误时使用较便宜的模型。使用 Comet LLM 来记录提示和响应。现在运行测试推理来看看实际工作状况。尝试运行以下代码：

```
question = {
    "question": "What three-digit palindromes are also perfect squares?"
}
get_completion(prompt_id="math", prompt_variables=question)
```

如果使用的是 GPT-4，将看到如下的输出：

```
A palindrome is a number that reads the same forwards
and backwards. A three-digit palindrome must be of
the form "ABA", where A and B are digits, with A not
being 0 (since we want a three-digit number).... The
three-digit palindromes that are also perfect squares
are 121, 484, and 676.
```

导航到 Comet 中的实验仪表盘时，将看到记录的日志信息，如图 4.1 所示。

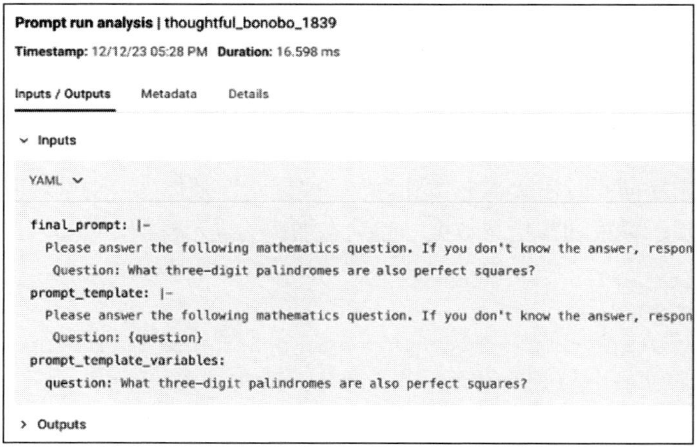

图 4.1　实验仪表盘

有了上面的代码，就拥有了一个系统，它将自动记录你与 LLM 的所有交互，允许你再现特定的推理，并调试不同提示和参数的性能。现在，可以开始实验了。

4.3　LLM 推理

对于传统的机器学习模型，为提高模型性能，通常需要修改模型本身，要么调整超参数，要么进行额外训练。对于 LLM 而言，提高模型性能的另一种方法是缜密思考"提示(prompt)"，并进行战略性处理。

虽然可微调 LLM 以改变其行为，但通常情况下，你寻求的功能已在模型权重的支持范围内。做到这一点的关键是为模型给出正确提示。但许多关于提示 LLM 的文章都是草率急就的。本节不仅讲述一系列提示模型的技术，还系统讲解如何给出尽可能好的提示。

还应注意，本节避免了关于提示 LLM 的一些术语，尤其是避免谈论特定的提示技术和策略。本节重点呈现提示技术的基本思想，让你理解自己遇到的任何新技术。

4.3.1　提示工程的基本原理

在深入学习 LLM 推理之前，你应该了解一些术语。

LLM 用于预测最可能的输出词元的输入词元链称为上下文。模型可接受的上下文输入的最大长度定义了模型"上下文窗口"的边界，该窗口在模型输出新词元时在文本中"滑动"。"提示"是你为启动推理而提供的输入。提示模板通常指与数据一起动态加载的提示框架，例如：

```
Instruction_template = ```
INSTRUCTION:
Write a Python script that satisfies the following request: {{YOUR REQUEST}}
ANSWER:
```

不同模型都有各自的提示模板，具体取决于构建方式。提示模板类似于传统机器学习中推理前的数据预处理。

在生成式 AI 领域提到"提示"时，通常会在提示工程的上下文中进行讨论。提示工程是指制作一个提示来引发你想要的特定响应的工作。例如，为驱使模型以更长、更合理的答案做出响应，你可在提示末尾附加上"让我们分步进行思考"。许多人不认为提示工程是一门真正的科学，认为它在很大程度上只是修修补补而已。在本书中，我们将站在这些人的对立面，将提示工程视为一个复杂的优化问题，一个需要付出有意义的工程努力才能有效解决的问题。

当 LLM 输出一个给定单词时，它只是从可能的下一个词元的概率分布中采样。例如，如果你向 LLM 输入提示"It was the best of times, it was the worst of"，那么下一个词元的分布可能如图 4.2 所示。

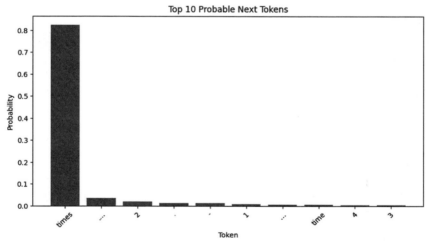

图 4.2　最可能的 10 个词元

图 4.2 是由 Mistral 模型生成的，Mistral 模型包含 70 亿个参数。

如果你更改了提示，那么下一个词元的分布将随之改变。这样，你将可在不进行梯度更新的情况下影响模型的条件概率。如果你能动态选择正确的提示，将在保持性能不变的前提下，有效地提高模型的表达能力。

> 在本书的其余部分，会将提示作为一种更新词元分布而不更新底层权重(weight)的方法。这样，不需要付出微调成本，就能为下游任务微调模型。

当然，在执行与提示工程相关的工作时，需要进行权衡。在提示中添加额外的词元会增加预测下一个词元所需的计算量，从而延长推理的计算足迹。后续章节中描述的一些技术(例如，为在获得最终响应之前生成和评估输出，可递归调用 LLM)彰显了这一点。显然，所有这些额外计算都是有代价的。

稍后将讨论如何实施几种不同的提示技术并评估其性能。有许多框架可使得快速工程的实验变得简单，在附录中，你会找到一些很棒的相关框架的建议。但在我们的示例中，你将构建自己的提示微框架。目标不是生成一个可投入生产的框架，而是让你深入理解如何构建推理管道。

4.3.2 上下文学习

大多数提示技巧通常都属于"上下文学习"的范畴。在上下文学习中，你为模型提供了额外信息来辅助推理，但你不是根据这些额外信息训练模型，而是通过提示(上下文窗口)传递信息。

例如，你希望模型编写一个 Python 脚本来组织你的笔记。然而，你使用文本编辑器编写笔记，该编辑器以一种特殊方式存储数据，需要使用编辑器的 API 来导出数据。你的模型可能尚未接受过关于这个专有 API 的任何示例的训练，因此无法很好地单独生成脚本。然而，如果你将 API 的文档(甚至只是使用 API 创建的一些脚本示例)传递到上下文窗口，你的模型就可能写出可用的 Python 脚本。

还可使用可视化技术来理解上下文学习(代码可从本书的 GitHub 获得)。使用生成"It was the best of times, it was the worst of"分布的相同 Mistral 模型，你可传入一个数学题，如"6^3-17="，并查看分布结果，如图 4.3 所示。

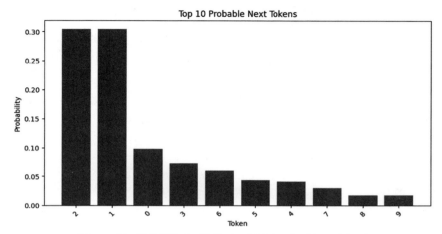

图4.3　针对数学题的最可能的下一个词元，共列出 10 个词元

6^3 -17 的结果实际上等于 199，但模型并不能确定这一点。它非常接近于选出正确的第一个数字，但它仍然倾向于 2 而非 1。

然而，如果你在模型的上下文窗口中为模型提供一个相关的问题，情况就改变了。在"6^3-17="前输入"6^3-25"=191"，你将看到如图 4.4 所示的分布结果。

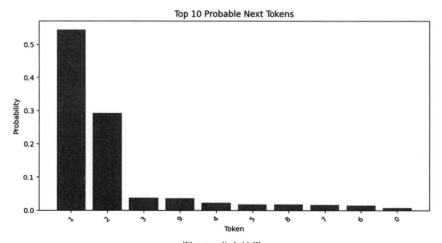

图4.4　分布结果

目前看来，1 是最可能正确的下一个词元。

在本节中，你将实现提示工程框架的第一部分。在框架中，你将整个推理过程概念化为一个管道，每个单独的操作都封装在一个节点中，以便以可再现的方式对提示进行实验。

首先，我们需要一个方法来生成预测，还需要一个初始化的 OpenAI 客户端。以下代码实现了这一点：

```python
import os
from openai import OpenAI
from abc import ABC, abstractmethod
client = OpenAI(api_key="YOUR-API-KEY")
def get_completion(
    prompt,
    model="gpt-3.5-turbo-instruct",
    temperature=0,
    max_tokens=2000,
    return_full=False,
    **kwargs
):
    response = client.completions.create(
        model=model,
        prompt=prompt,
        temperature=temperature,
        max_tokens=max_tokens,
        **kwargs
    )
    if return_full:
        return response
    return response.choices[0].text
```

get_completions()方法使用 OpenAI 的完成 API，根据提示进行推理，然后返回最靠前的预测。接下来，为 Pipeline 和 Node 类构建抽象类。

```python
class Node(ABC):
    @abstractmethod
    def forward(self):
        pass
class Pipeline(ABC):
```

```
@abstractmethod
def run(self):
    pass
```

目前还看不到什么成效，只是展示了想法。你将逐步构建这个迷你框架，以更好地了解一些更流行的 LLM 框架中实际发生的情况。注意，Node 类有一个 forward() 方法，类似于 PyTorch 中的模块。这应该能让你对如何在管道内堆叠节点有一些了解。

最后，将实现一个 PromptNode，它只是将提示模板应用于提示，并通过 generate() 回调方法来查询模型。

```
class PromptNode(Node):
    def __init__(self, prompt_template,
generate=get_completion):
        self.prompt_template = prompt_template
        self.generate = generate
        self.prompt = None
    def forward(self, **kwargs):
        self.prompt = self.prompt_template.format
(**kwargs)
        return self.generate(self.prompt)
```

注意，默认情况下，PromptNode 类将 generate() 函数设置为 get_completion() 函数；不过，你可以进行自定义，使用任何你希望为节点使用的自定义推理函数。

现在，可尝试一些简单的上下文学习。一个受 GPT-4 原始论文启发的经典例子是翻译任务。试着把一个复杂句子译成一种不太常见的语言。例如，试着把 "It was the best of times, it was the worst of times." 译成提格里尼亚语(埃塞俄比亚提格雷省通用的语言)。

首先制作一个简单模板，将文本译成提格里尼亚语。

```
translate_tigrinya = """Translate the following
into Tigrinya:
{prompt} => """
```

现在，为任务创建一个管道类。

```python
class TigrinyaTranslatePipeline(Pipeline):
    def __init__(self):
        self.p1 = PromptNode(prompt_template=
translate_tigrinya)
    def run(self, **kwargs):
        return self.p1.forward(**kwargs)
```

运行管道。

```
no_icl = TigrinyaTranslatePipeline()
no_icl.run(prompt="It was the best of times, it was
the worst of times.")
```

用 GPT-3.5 测试前面的代码,你会看到一个类似这样的响应重复了很多行:

'\nእብ እብዚ. እብ እብዚ. እብ እብዚ. እብ እብዚ. እብ እብዚ. እብ እብዚ. እብ እብዚ. እብ እብዚ. እብ እብዚ. እብ እብዚ. እብ እብዚ. እብ እብዚ. እብ እብዚ. እብ እብዚ. እብ እብዚ. እብ እብዚ. እብ እብዚ. እብ እብዚ. እብ እብዚ..

将响应片段放入谷歌翻译中会返回"At this in here in here in there…",似乎模型被句子结构弄糊涂了,陷入了无休止的循环。也许给模型举一个类似的提格里尼亚语例句会有所帮助。尝试用几个例句创建一个新模板,并更新管道以使用它。

```
translate_tigrinya_icl = """Translate the following
into Tigrinya:
It was the age of wisdom, it was the age of
foolishness. => ዘመነ ጥበብ እይ ነይሩ፣ ዘመነ ዕሽነት እይ ነይሩ።
Translate the following into Tigrinya:
To be, or not to be, that is the question. => ምኻንን
ዘይምህላውን፣ እቲ ሕቶ ንሱ እዩ።
Translate the following into Tigrinya:
What happiness was ours that day, what joy, what rest,
what hope, what gratitude, what bliss! => እብታ መዓልቲ
እቲእ ከመይ ዝበለ ሓጎስ እዩ ነይሩ፣ ከመይ ዝበለ ሓጎስ፣ ከመይ ዝበለ ዕረፍቲ፣ ከመይ
ዝበለ ተስፋ፣ ከመይ ዝበለ ምስጋና፣ ከመይ ዝበለ ዕግበት!
Translate the following into Tigrinya:
{prompt} => """
class TigrinyaTranslatePipeline(Pipeline):
```

```
        def __init__(self, icl=None):
            if icl == 'icl' :
                self.p1 =
PromptNode(prompt_template=translate_tigrinya_icl)
            else:
                self.p1 =
PromptNode(prompt_template=translate_tigrinya)
        def run(self, **kwargs):
            return self.p1.forward(**kwargs)
icl = TigrinyaTranslatePipeline(icl="icl")
icl.run(prompt="It was the best of times, it was the
worst of times.")
```

除了新模板，代码的唯一的真正变化是为 TigrinyaTranslatePipeline 类引入了 icl(in-context learning)参数。运行此管道，将看到如下结果：

ዘመኑ ኣብ ዝበለ ጊዜ ኣዩ ነይሩ፣ ዘመኑ ኣብ ዝበለ ጊዜ ኣዩ ነይሩ።

根据谷歌翻译的结果，这相当于"It was at the right time, it was at the right time"。这不完全正确，但比第一次尝试更接近目标。

扩展模板，纳入更多翻译例句，进一步进行实验。为简洁起见，以下内容有删节。

```
translate_tigrinya_icl_ext = """Translate the
following into Tigrinya:
Shall I compare thee to a summer's day? => ምስ መዓልቲ
ሓጋይ ከወዳድረካ ኣየ፡
Translate the following into Tigrinya:
Four score and seven years ago our fathers brought
forth on this continent, a new nation, conceived in
Liberty, and dedicated to the proposition that all men
are created equal. => ቅድሚ 87 ዓመት ኣቦታትና ኣብዛ ኣህጉር ኣዚኣ፡ ኣብ
ሓርነት ዝተሓስበ፡ ኩሎም ደቂ ሰባት ማዕረ ተፈጢሮም ንዝብል ሓሳብ ዝተወፈየ ሓድሽ
ህዝቢ ኣምጺኦም ኣዮም።
...
Translate the following into Tigrinya:
{prompt} => """
class TigrinyaTranslatePipeline(Pipeline):
    def __init__(self, icl=None):
```

```
  if icl == 'icl' :
    self.p1 =
PromptNode(prompt_template=translate_tigrinya_icl)
  elif icl == 'icl_ext':
    self.p1 =
PromptNode(prompt_template=translate_tigrinya_icl_ext)
  else:
    self.p1 =
PromptNode(prompt_template=translate_tigrinya)
  def run(self, **kwargs):
    return self.p1.forward(**kwargs)
icl_ext = TigrinyaTranslatePipeline(icl="icl_ext")
icl_ext.run(prompt="It was the best of times, it was
the worst of times.")
```

运行上面的代码，将返回如下的内容：

ዘመን ንፍረት ኣይ ነይሩ፣ ዘመን ሕማቕ ኣይ ነይሩ።

此次翻译的结果是"It was a fruitful era, it was a bad era"，这是最接近正确的版本。

在本例中，你看到了上下文学习的重要价值。你在窗口中提供的上下文越相关，模型就越准确。与此同时，包含的上下文越多，推理就越昂贵。有效的上下文学习是为了确保你为每个推理都包含最相关和最少的上下文。稍后将更详细地探讨这一动态过程。

4.3.3 中间计算

LLM 推理中的一个基本概念是中间计算(intermediary computation)。当使用中间计算时，可以引导模型进行推理，使其以更长、结构更合理的方式生成输出。这类似于将可变数量的计算应用于推理任务。如果要求你计算 2+2，你立刻就能给出答案。而如果要求你完成一个包含指数和几种不同运算符的复杂计算，你可能回答得较慢，在完成整个算式的计算前，需要逐一解决每个子问题。

中间计算在提示工程领域随处可见。例如，最近的研究发现，当要求模型评估一段代码时，使用 scratchpad 指示模型在每一行写出程序的堆栈跟踪，可显著提高其准确性。同样，当今许多最流行的 LLM 框架都有开箱即用的提示技术，可增加模型的中间计算。

> **LLM 中的思维链提示推理**
>
> 2023 年，谷歌大脑的一个团队发表了一篇题为"LLM 中的思维链提示推理"的论文，介绍了一种新的模型提示技术。核心观点是，通过迫使模型分步回答问题(或至少在上下文窗口中为其提供分步推理)，你可得到更加完美的答案。
>
> 这些技术是有先例的；实际上，"提示工程"概念在很多年前就出现了。但结果令人震惊。如果尝试解一些难题，如算术题、常识推理甚至是科学问题，研究人员能从包含 5400 亿个参数的模型中得到与一些最大的 LLM 媲美的性能。
>
> 这篇论文的发表引发了对相关技术的新一波研究，包括所谓的"思维树"，它结合了从搜索算法到思维链方法的思想。如今，几乎所有主流 LLM 框架都以某种方式融入了思维链技术。

你可能听说过"思维链提示"技术系列。这本质上是一种上下文学习形式，旨在利用中间计算来引导推理。第一个发布的思维链示例看起来像上一节中完成的翻译项目。在给出实际提示前，让模型看到一系列模仿提示的示例任务。此后，人们提出许多相关技术，通常侧重于为给定任务动态编排最有效的"输入链"。

有趣的是，有一种神奇且有效的思维链技术，你根本不需要在上下文窗口中输入任何额外示例。2022 年，东京大学和谷歌研究所的一组研究人员发表了论文"LLM 是零样本推理机"；其中介绍了他们所称的"零样本思维链"提示。事实证明，只需要在模型响应的开头加上"Let's think step by step"，就可引导 LLM 进行更长的分步推理，增加中间计算，最终提高推理的准确性。

现在就尝试一下。以下代码实现了解方程的简单思维链提示；你可将其与没有思维链(chain of thought)前缀的相同提示进行了比较：

```
math_template = """INSTRUCTION:
Solve the following equation: {prompt}
RESPONSE:
"""
class EquationPipeline(Pipeline):
    def __init__(self, with_zero_shot_cot=False):
        if with_zero_shot_cot is True:
            self.p1 = PromptNode(prompt_template=math_template + "Let's think step by step. ")
        else:
            self.p1 = PromptNode(prompt_template=math_template)
    def run(self, **kwargs):
        return self.p1.forward(**kwargs)
equation = "6^8 * 2 / 3 + 7 -1="
raw_pipeline = EquationPipeline()
cot_pipeline = EquationPipeline(with_zero_shot_cot=True)
print("Without Chain of Thought Prompting")
print(raw_pipeline.run(prompt=equation))
print("With Chain of Thought Prompting")
print(cot_pipeline.run(prompt=equation))
```

运行此代码,将看到如下的输出:

```
Without Chain of Thought Prompting
6^8 * 2 / 3 + 7 -1 = 2,176,782,337.333333 + 7 -1 = 2,176,782,343.333333
With Chain of Thought Prompting
Step 1: Simplify the exponent
6^8 = 1679616
Step 2: Multiply 1679616 by 2
1679616 * 2 = 3359232
Step 3: Divide by 3
3359232 / 3 = 1119744
Step 4: Add 7
1119744 + 7 = 1119751
Step 5: Subtract 1
1119751 -1= 1119750
Therefore, the solution to the equation is 1119750.
```

可以看到，只需要在模型的响应中添加"Let's think step by step"，就会引导它走上一条更清晰、更缜密的推理路径，最终得到正确答案。

与中间计算相关的提示技术有很多，稍后你将实现一些更复杂的技术。

4.3.4 RAG

在"上下文学习"思想的基础上，涌现出许多流行的 LLM 推理技术，它们依赖于通常与 LLM 本身无关的额外过程，来动态生成上下文。你经常会在智能体上下文中听到这些技术或工具。

在前面的章节中，在推理管道查询外部信息时，你已见过 RAG 的一些简单示例。如果模型最新训练时间(通常称为知识界限)早于你完成手头任务时的时间，手头任务需要更新的信息，RAG 将特别有用。

在下一个示例中，你将实现一个简单的 RAG 管道，该管道使用 YouTube 文本记录来回答问题。

首先需要实现一个检索器节点，它可获取和转换数据。将用两个流行的开源库来获取 YouTube 视频及其文本记录。你将多次调用 LLM，一次是为了生成一个良好的 YouTube 搜索查询，另一次是总结每个视频的第一部分。由于受到模型上下文窗口的限制，将只解析每个视频中的一小段。稍后，你将学习如何更动态地选择包含在上下文窗口中的信息。

代码清单 4.1 显示了 YouTubeRetriever 的代码。

代码清单 4.1　YouTubeReceiver

```
from youtube_transcript_api import
YouTubeTranscriptApi
from youtube_search import YoutubeSearch

class YouTubeRetriever(Node):
    def __init__(self, generate=get_completion):
        self.generate = generate
    def _fetch_transcripts(self, query):
        results = YoutubeSearch(query, max_results=
10).to_dict()
        return [ f"['url_suffix'].split('&')[0]}" for
```

```python
             x in results ]
    def _parse_transcript(self, transcript, video_id):
        full_text = ''
        arr = transcript[0][video_id]
        for obj in arr:
            full_text += f"{obj['text']} "
        return full_text
    def _summarize_transcript(self, transcript):
        summary = self.generate(prompt=f"""INSTRUCTION:
\n Below is a transcript generated from a YouTube
video. Condense and summarize it.\n\n"{transcript}"\
nRESPONSE:\n""").strip()
        return summary

    def forward(self, question):
        context = ""
        # Generate search term + strip leading/
trailing newlines and quotation marks
        youtube_query = self.generate(prompt=youtube_
query_template.format(prompt=question)).strip().
strip("\"")
        results = YoutubeSearch(youtube_query, max_
results=10).to_dict()
        for x in results:
            video_id = x['id']
            transcript = ""
            try:
                transcript = YouTubeTranscriptApi.get_
transcripts(video_ids=[video_id])
                transcript = self._parse_transcript
(transcript, video_id)
                if len(transcript) > 2000:
                    transcript = transcript[0:2000]
                transcript = self._summarize_
transcript(transcript)
            except TranscriptsDisabled:
                print(f"Transcripts disabled for
{x['title']}")
                pass
```

```
            snippet = f"{x['title']} by {x['channel']}
\n\n{transcript}\n\n"
            context += snippet
        return context
```

此时，你可将检索器节点添加到管道中执行推理：

```
class QAWithYoutubePipeline(Pipeline):
    def __init__(self):
        self.context = ""
        self.retriever = YouTubeRetriever()
        self.qa = PromptNode(prompt_template=
"#INSTRUCTION:\nBelow, you have summaries from several
YouTube videos:\n\n{context}Use the above summaries to
answer this question: {question}\n#RESPONSE:\n")
    def run(self, question):
        self.context = self.retriever.forward
(question=question)
        return self.qa.forward(context=self.context,
question=question)
```

为进行比较，尝试向模型询问一个超出其知识界限(knowledge cutoff)的问题；一次没有检索器节点，一次有检索器节点。例如，若向 GPT-3.5 询问 2023 年底发布的 Mixtral 8x-7b 模型，你会得到这样的回答：

```
get_completion(prompt="What is Mixtral 8x-7b?")
> 'Mixtral 8x-7b
is not a known mathematical
expression or equation. It is possible that it is a
product or brand name, but without further context or
information, it is not possible to determine
its meaning.'
```

然而，如果你使用刚才创建的管道，情况将大不相同。

```
pipe = QAWithYoutubePipeline()
pipe.run("What is Mixtral 8x-7b?")
> "Mixtral 8x-7b is a new language model developed by
Mistral AI that combines eight of their previous
models into one. It uses a mixture of experts
```

architecture, with multiple networks or experts and a
gating layer that decides which expert to allocate an
input to. It has gained attention in the AI world and
has been shown to outperform a 70 billion parameter
model while being four times faster. It is available
in three models: tiny, small, and medium, with the
medium model being the most expensive. It has been
compared to GPT-4 and has been found to be competitive
and possibly cheaper in terms of pricing. It is also
available through Mistral's development platform and
API in beta preview."

如果查看上下文,会看到如下的内容(请注意,为节省篇幅,这里只显示一个摘要;而在实际中,上下文窗口中会有多个摘要):

```
pipe.context
> "Mistral 8x7B Part 1-So What is a Mixture of
Experts Model? by Sam Witteveen
Mistral recently released a new model, the Mixture of
Experts, which combines eight of their previous models
into one. This concept is not new in the field of AI,
but with the advancement of technology, it is now
possible to implement it effectively. However, running
this model locally would require a significant amount
of computing power. The Mixture of Experts works by
having multiple networks, or experts, and a gating
layer that decides which expert to allocate an input
to. This concept is also related to GPT 4 and there
are already similar models available. "
```

在第 5 章中,你将了解更复杂的实用 RAG 管道,其中涉及向量数据库和动态上下文组合。此处的目标是引导你理解基本原理。注意,增强生成并不局限于文档检索,它可包括其他任何输入源,如对其他模型的函数调用、第三方 API 等。

4.3.5 智能体技术

在 LLM 领域,智能体(agent)是个有争议且含义模糊的术语。它源自强化学习领域;在强化学习领域,智能体在环境中按照策略做出决策。在 LLM 领域,术语"智能体"的使用不够规范,指的是提示模型以动态(有时是递归)方式执行一系列推理的技术。通常,智能体会使用"工具",如之前实现的增强生成技术。

这里列举一个简单例子,考虑实现一个客户支持智能体。假设你编写了三个函数或工具供智能体使用:
- translate_to_en():使用 Google Translate API 翻译非英语文本。
- search_support_docs():在内部文档中搜索相关文档。
- search_web():使用 Bing API 获取查询的搜索结果。

然后,可提示用于支持客户的智能体在响应用户请求时使用适当的工具。甚至可给智能体提供一个具体的决策过程,告诉它首先翻译任何非英语文本,然后用该输出查询支持文档。最后,如果找不到相关文档,可将搜索 Web 作为终极手段。

> **ReAct:LLM 中推理和行动的协同**
>
> 历史上,LLM 领域主要集中在提高模型理解和生成类人文本的能力上;而其他领域则专注于训练决策模型。"ReAct: LLM 中推理和行动的协同"论文(作者是 Shunyu Yao、Jeffrey Zhao、Dian Yu、Nan Du、Izhak Shafran、Karthik Narasimhan 和 Yuan Cao,可通过 https://arxiv.org/abs/2210.03629 访问该文)的发表标志着这种思路的转变,引入了这样一种观点,即 LLM 不仅擅长决策,而且可将推理和以行动为中心的任务结合起来,整体能力得到增强。
>
> 论文的主要贡献在于采用新颖的方法,将推理和行为整合到 LLM 结构中。作者要求模型完成普通的问答任务;该模型通过一个递归过程来分析任务,使用了适当工具(在本例中,就是为其编写的自定义函数),并在回答前构建一个有用的上下文。图 4.5 摘自该论文。

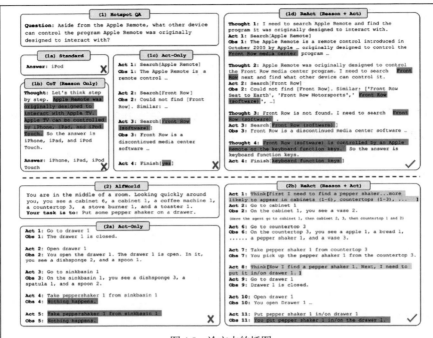

图 4.5　论文中的插图

该论文在"提示工程"领域产生了深远影响。它提供了一种新范式，提示不再仅是为了引发反应，而是可以指导模型执行具体操作。这增强了提示工程的作用，以前只是精心制作文本以生成最佳文本，而现在可以设计有效整合推理和行动的提示。

在本例中，将创建一个极简单的智能体。智能体将可访问在代码清单4.1 中构建的 YouTube 搜索管道，以及下面定义的附加 translate() 函数：

```
from deep_translator import GoogleTranslator
def translate(text, lang):
    translation = GoogleTranslator(source='auto', target=lang).translate(text, dest=lang)
    return translation
```

将向智能体提出一个问题，要求其作答。智能体将使用可用的工具来

第4章 LLM

回答。为此,首先需要为 translate() 函数设置一个节点。

```python
class TranslateNode(Node):
    def __init__(self, generate_fn=get_completion):
        self.preprocessing = """#INSTRUCTION:\n\nFrom the following text, extract the sequences that are written in {lang}:\n\n"{text}"\n\n#RESPONSE:\n\n"""
        self.generate = generate_fn

    def forward(self, text, generate=get_completion):
        extracted_text = self.generate(self.preprocessing.format(text=text, lang="en"))[1:-1]
        # Remove wrapping quotation marks
        translated_text = translate(extracted_text, "en")
        translated = text.replace(extracted_text, translated_text)
        return translated
```

接下来,需要设置模板。

```python
tools = {
    "translate": {
        "description": """translate(text, lang) -> This function takes input text and translates it to the "lang" language.""",
        "node": TranslateNode,
        "transform_q": True
    },
    "YouTubeResearch": {
        "description": """YouTubeResearch(question) -> This function takes a question and uses YouTube to generate research around the question topic. Before using, you should translate any non-English questions into English.""",
        "node": QAWithYoutubePipeline,
        "transform_q": False
    }
}
tools_context = """#INSTRUCTION: You are a helpful assistant who is capable of running Python functions.
```

```
You answer questions, but you only respond in English.
You have the following functions available to
you as tools:
{tools}
Do you need a tool to answer the following question
in English?
"{question}"
Respond "yes" or "no"
#RESPONSE: """
which_tool = """#INSTRUCTION: Which tool do you need?
You can respond with {tool_names}
#RESPONSE: """
final_q = """#INSTRUCTION: Write a response that
accurately answers the following question in English:
"{question}"
#RESPONSE: """
```

可看到一系列模板,以及一个名为 tools 的词典,供智能体使用。

现在,就可定义一个智能体类,如代码清单 4.2 所示。注意,智能体只是罩着面纱的管道。

代码清单 4.2　定义 QAAgent 类

```
import copy
class QAAgent(Pipeline):
    def __init__(self, tools=tools,
generate_fn=get_completion):
        self.generate = generate_fn
        self.translate = TranslateNode()
        self.youtube = QAWithYoutubePipeline()
        self.context = ""
        self.tools = tools
        self.available_tools = copy.deepcopy(tools)
    def _intermediary_step(self):
        formatted_tools = ""
        need_tool = ""
        next_tool = ""
        tool_context = ""
        selected_tool = None
```

```python
            self.context = "" # Clear context
            for tool in self.available_tools.keys():
                formatted_tools += self.available_tools[tool]['description']
                formatted_tools += "\n"
            need_tool_input = tools_context.format(tools=formatted_tools, question=self.question)
            need_tool = self.generate(need_tool_input)
            self.context += need_tool_input + "\n\n" + need_tool + "\n\n"

            if "yes" in need_tool.lower():
                tool_names = " or ".join(self.available_tools.keys())
                next_tool = self.generate(self.context + which_tool.format(tool_names=tool_names))
                self.context += which_tool.format(tool_names = tool_names) + "\n\n" + next_tool + "\n\n"
                for name in self.available_tools.keys():
                    if name in next_tool:
                        selected_tool = name
                        break
            return selected_tool
    def run(self, question):
        self.question = question
        selected_tool = self._intermediary_step()

        while len(self.available_tools.keys()) > 0:
            selected_tool = self._intermediary_step()

            if selected_tool == None:
                break

            next = self.tools[selected_tool]['node']()

            if hasattr(next, 'forward'):
                output = next.forward(self.question)
            else:
```

```
            output = next.run(self.question)
        if self.tools[selected_tool]['transform_
q'] == True:
            self.question = output
        self.context += output

        del self.available_tools[selected_tool]
    self.context += final_q.format(question=
self.question)
    answer = self.generate(self.context)
    self.available_tools = copy.deepcopy
(self.tools)
    return answer
```

如果没能一下子弄懂代码清单 4.2 中的代码,务必多花些时间研究一番。使用智能体技术时,上下文管理至关重要。为便于演示,此处的结构较简单;在实际环境中,你可能使用比这更复杂的结构。

如果现在运行智能体,会发现它能用原本不熟悉的不同语言答题。例如,若用西班牙语问 "请介绍一下大家最近热议的 LLMLingua 项目",你会得到如下的回答:

```
agent = QAAgent()
agent.run("¿Qué; es este proyecto LLMLingua del que
todo el mundo habla?")
> LLMLingua is a project developed by Microsoft that
aims to improve the efficiency and cost-effectiveness
of large language models used in AI. It utilizes a
compression technique to reduce the size of prompts,
resulting in faster inference and cost savings. This
project has the potential to make newer, larger
language models more affordable and efficient, making
it a popular topic among AI enthusiasts and
researchers.
```

在本例中,智能体决定首先将问题译成英语,然后用代码清单 4.1 中构建的 YouTube 查询系统收集更多上下文,最后返回答案。

4.4 用 Comet ML 优化 LLM 推理

前面采用各种技术来改进 LLM 推理。这本身十分有趣，但你可能想知道它是如何联系到 LLMOps 的。在本节中，你将在 LLMOps 和机器学习工程的背景下将迄今为止所学的一切联系在一起。

回顾一下前面的内容，你体会到 LLM 推理方法多种多样，比较复杂。即使你选择一种方法后，也有无数种方式来实现它！如果你认为提示是需要调整的超参数，那么可尝试的组合是无穷无尽的。

因此，你需要采用一种井然有序的方式来完成 LLM 实验，测试不同的提示和参数，直至找到完成特定任务的最佳组合方式。为此，你将实现一个简单的代码生成助手。将优化词元的使用(从而节省成本)、提示策略和其他一些参数(如 temperature 参数)。

最开始，需要记录提示和推理方式。在此处的示例中，将使用流行的实验管理平台 Comet ML。在撰写本书时，Comet 是一个行业标准工具，可供个人用户和学者免费下载。Comet 还有收费版本，为大型团队提供高级功能，如模型监控或现场部署，但本书中的任何操作都不需要付费。免费版的 Comet ML 支持日志记录、分析和再现，而且 API 足够简单，也允许你方便地在不同的库之间切换。

> 从多个角度看，机器学习的主要操作是搜索。为完成一项任务，你需要不断搜索正确的模型、正确的参数、正确的数据集等，以尽量提高性能。虽然通过探索性数据分析，利用扎实的理论基础知识，你可缩小搜索范围，但不可避免的是，只有进行大量的试错你才能找到适于完成当前任务的最佳组合。因此，你必须以有序的、可再现的方式进行实验。
>
> 几年前，大多数数据科学团队都用电子表格和其他临时系统来记录实验结果(遗憾的是，到现在，这样的做法也不罕见)，代码几乎从来没有通过 Git 这样的系统进行版本控制，也没有模型或数据集。当一个模型表现最佳时，很少有人透彻理解为什么或什么变化导致了性能的提高。因此，即使有了一个成功的模型，大家的态度往往也是"不要碰它，否则它会坏的！"

> 前几年,诸如 Comet 的工具应运而生。默认情况下,它们会对代码进行版本控制、记录系统详细信息、保留数据集和模型的血缘,并与流行的 ML 框架集成以记录额外的详细信息。还提供可视化、协作等功能。现在,使用这些工具已成为行业标准,因为它们不仅可用于轻松地调试模型,还可与其他数据科学家协同工作,而不必担心无法复制彼此的工作。

为改进推理管道,第二件需要完成的事项是优化指标。对 LLM 而言,这是一项棘手的任务。有许多传统的自然语言处理指标,如 ROUGE(Recall-Oriented Understudy for Gisting Evaluation) 分数。但这些指标的启发式能力过于简单,无法对 LLM 准确进行评分。ROUGE 是一组用于评估自动摘要系统质量的指标,有多种变体,包括 ROUGE-N、ROUGE-L、ROUGE-W 等。研究团队最近采取的一种最佳方法是安排人员直接进行评估,但这也导致了问题,其中最重要的是手动对样本进行评分需要支付较高的费用。

因此,大多数研究人员都为具体任务实现了自定义的评分函数,通常会结合使用 BERTScore、ROUGE 和自定义基准等不同指标。通过生成代码,你可用单元测试来评估代码是否有效,这正是你在下一个练习中要完成的。

你的任务是构建一个管道,在给出 Python 函数和一些相关单元测试的描述后,它将生成一段基本可以接受的代码。

为对管道进行测试,可使用以下提示模板:

```
code_gen_template = """#INSTRUCTION:
Write a Python function named {name} that
{description}. Make sure to include all necessary
imports.
#RESPONSE
"""
code_gen_template_w_tests = """#INSTRUCTION:
Write a Python function named {name} that
{description}. Make sure to include all necessary
imports.
The function {name} will be evaluated with the
following unit tests:
```

```
{tests}
#RESPONSE
"""
```

还需要一些提示和相关的单元测试。单元测试的完整代码可从本书的 GitHub 上找到，但一般来说，单元测试看起来像这样：

```
class TestGenerateImage(unittest.TestCase):
    def test_valid_input(self):
        width, height = 200, 300
        image = generate_image(f'{width}x{height}')
        self.assertEqual(image.size, (width, height))
```

它们伴随着一个变量，该变量以字符串形式包含单元测试的所有代码。可将所有这些信息以及提示存储在如下的列表中：

```
TESTS = [
    {
        "name": "generate_image(dimensions)",
        "dimensions of an image, like '200x300', and generates an image of those dimensions using 3 random colors, before finally returning the image object.",
        "tests": image_tests,
        "tests_class": TestGenerateImage
    },
    {
        "name": "evaluate_expression(expression)",
        "description": "takes a string containing a mathematical equation, parses the equation, and returns its evaluated result.",
        "tests": math_tests,
        "tests_class": TestEvaluateExpression
    },
    {
        "name": "merge_k_lists(lists)",
        "description": "takes an array of k linked-lists lists, each sorted in ascending order, and merges all the linked-lists into one sorted linked-list, returning the final sorted linked-list.",
        "test": merge_k_tests,
```

```
            "tests_class": TestMergeKLists
    }
]
```

现在，为执行推理，你需要一个管道。该管道包括用于提示和评估输出的节点，如代码清单 4.3 所示。

代码清单 4.3　用管道执行推理

```
class PromptWithMKwargsNode(Node):
    def __init__(self, prompt_template,
generate=get_completion):
        self.prompt_template = prompt_template
        self.generate = generate
        self.prompt = None
        self.prompt_kwargs = None
    def forward(self, model_kwargs=None,
prompt_kwargs=None):
        self.prompt_kwargs = prompt_kwargs
        if self.prompt_kwargs != None:
            self.prompt = self.prompt_template.
format(**self.prompt_kwargs)
        else:
            self.prompt = self.prompt_template
        if model_kwargs != None:
            return self.generate(self.prompt, return_
full=True, **model_kwargs)
        else:
            return self.generate(self.prompt,
return_full=True)

class ExecNode(Node):
    def __init__(self):
        self.success = True
        self.message = None

    def forward(self, code):
      print(code)
      compiled = compile(code, 'test', 'exec')
```

```python
        try:
            exec(compiled)
        except Exception as e:
            self.success = False
            self.message = e
            pass
        return self.success
class EvaluateNode(Node):
    def __init__(self, test_case):
        self.test_case = test_case
        self.success = False
        self.message = None
        self.results = None
    def forward(self, code):
        try:
            compiled = compile(code, 'test', 'exec')
            exec(compiled, None, globals())
        except Exception as e:
            self.success = False
            self.message = e
            return False

        test_suite = unittest.defaultTestLoader.loadTestsFromTestCase(self.test_case)
        self.results = unittest.TextTestRunner().run(test_suite)
        self.success = self.results.wasSuccessful()
        return self.success
class CodeGenPipeline(Pipeline):
    def __init__(self, prompt_template, test_case):
        self.p1 = PromptWithMKwargsNode(prompt_template=prompt_template)
        self.eval = EvaluateNode(test_case=test_case)
        self.code = None
        self.model_output = None
        self.success = False
    def run(self, model_kwargs=None, prompt_kwargs=None):
        # Intialize your Comet Experiment
```

```python
        experiment = comet_ml.Experiment(workspace=
"ckaiser", project_name="llmops-test")
        experiment.add_tag("code-gen")
        # Run pipeline
        self.model_output = self.p1.forward(model_
kwargs=model_kwargs, prompt_kwargs=prompt_kwargs)
        self.code = self.model_output.choices[0].text
        self.success = self.eval.forward(self.code)
        # Log metrics, parameters, and extra
data to Comet
        metrics = {
            "success": self.success,
            "token_usage": self.model_output.usage.
total_tokens
        }
        params = {
            "with_tests": self.p1.prompt_template ==
code_gen_template_w_tests,
            **model_kwargs
        }
        metadata = {
            "name": self.p1.prompt_kwargs['name'],
            "description": self.p1.prompt_kwargs
['description'],
            "tests": self.p1.prompt_kwargs['tests'],
            "prompt": self.p1.prompt,
            "prompt_template": self.p1.prompt_
template,
            "usage.prompt_tokens": self.model_output.
usage.prompt_tokens,
            "usage.completion_tokens": self.model_
output.usage.completion_tokens,
            "usage.total_tokens": self.model_output.
usage.total_tokens,
        }
        experiment.log_metrics(metrics)
        experiment.log_parameters(params)
        experiment.log_others(metadata)
        return self.success
```

想一下你从这样的系统中得到了什么。该系统必须生成可运行的代码，并尽量减少在 API 调用上的开销。因此，你希望最大限度地提高管道的整体效率，但尽量减少其使用的词元总数。

可尝试许多策略，也可调整参数来优化目标。鼓励你进一步实验。但在本练习中，你将只关注少数几个参数。将对传递模型的上下文长度和 temperature(温度)参数进行实验。每个实验的结果都将记录到 Comet 中，你将能评估哪种组合最大限度地提高了代码质量并减少了使用的词元总数。

以下代码将构建实验，并运行：

```
for test in TESTS:
    for template in [code_gen_template,
code_gen_template_w_tests]:
        for temperature in [0.0, 0.5, 1.0, 1.5]:
            model_kwargs = { "temperature": temp }
            pipeline = CodeGenPipeline(prompt_
template=template, test_case=test['tests_class'])
            success = pipeline.run(model_kwargs=model_
kwargs, prompt_kwargs=test)
```

该过程将系统地尝试不同的 temperature 和提示组合。此后，你可通过 Comet 网站或 Comet API，在 Comet 中查看图形结果。

虽然上面讲了不少，但实际上，也只是触及了提示工程的皮毛。除了 temperature，还有许多参数可以探索。如果你决定尝试调整多个参数，可考虑使用诸如 Optuna 的开源库，因为它们极大地简化了超参数调整任务。此外，不断涌现出用于优化提示的新技术。例如，微软 LLMLingua 的项目可用较小的语言模型来压缩和优化上下文，声称将效率提高了 20 倍，而且性能损失极小。

无论你决定做什么，从本节中领略到的重要一点是，LLM 推理过程并无魔法，可能不完全符合你的直觉，修补过程也未必如意。你可以进行优化，用结构化的、工程师式的思维方式来完成任务。

4.5 微调 LLM

到目前为止,已经全面探索了如何在不增加训练的情形下,提升 LLM 的性能。显然,下一步需要考虑如何通过增加一些训练来提高性能。在本节中,将探索如何通过微调来更快地完成具体任务。通过学习本节,你可以正确决定是否对模型进行微调,并且知道如何高效地进行微调。

4.5.1 微调 LLM 的时机

对 LLM 的更标准处理过程可能从微调开始,然后开始考虑提示工程或前面讨论的其他事项。然而,本书从实用的角度来分析 LLM(考虑其在生产环境中的使用)。因此,将微调放在最后进行探索,因为微调的前期投资最大,耗费的构建时间最长。

尽管可用较低的成本,快速完成提示工程实验。但要微调模型,你必须收集数据集、编写训练代码、配置评估系统、提供必要的计算资源,而且通常需要多次进行实验才能找到成功的模型。

完成这些步骤都需要付出巨大的努力,费用不菲。但有些情形下,投资是值得的。从广义上讲,可将这些情形分为两类:

- 微调是一种优化。RAG 技术和智能体方法使用的词元更多,因此成本更高,速度更慢。当你已经通过提示工程技术最大限度地改进了模型后,有必要进行微调,将一些技术"烘焙"到你的模型中,使你的模型不再需要生成那么多词元就能得到最终答案。
- 针对特定领域的任务进行微调。某些情况下,你手头处理的任务不仅需要特定领域的知识,还需要特定领域的行为。例如,你的模型可能需要输出某种"情调",或者需要某种输出格式。这些情况下,需要进行微调来训练模型以适应这些特定的行为,而上下文学习解决方案(如 RAG)则为模型提供它需要的特定知识。

现在,无论你微调的原因是什么,都必须解决一个明显的问题:LLM 很大。特别是在训练中,它们会消耗大量昂贵的计算资源。GPT-4 模型包含的参数达到万亿级别;除非你有巨额的预算,否则训练诸如 GPT-4 的模型是不切合实际的。

然而，有许多策略可在更便宜的硬件上更有效地执行训练和推理。下面来探索其中的一些技术。

4.5.2 量化、QLoRA 和参数高效微调

在本节中，将使用 T4 GPU(仅有 14GB VRAM)来微调一个包含 73 亿个参数的模型。在撰写本书时，Google Colab 等平台免费提供了这样的 GPU。

为此，首先要下载模型并将其加载到内存中。虽然按照最新的标准进行衡量，包含 73 亿个参数的模型"很小"，但仍然需要超过 15GB 的 VRAM。将使用最有效的包含 73 亿个参数的模型之一，并进行量化，进一步减少其消耗的计算资源。

> 量化(Quantization)是一种用于减少模型占用的内存量的技术。从历史上看，量化的概念起源于数字信号处理，用来减少多媒体数据的"位"表示，以节省存储空间和带宽。随着神经网络规模的扩大，复杂程度的增加，开始尝试将量化技术应用于模型。
>
> 在 LLM 背景下，量化涉及将模型参数的精度从浮点表示(通常为 32 位)降至较低的位深度，如 16 位、8 位甚至更少的位。这种减少不仅减小了模型大小，使其更易于在内存有限的设备上部署，而且加快了计算速度，因为专用硬件可以更快地处理精度较低的数字。
>
> 量化模型减少"完整"模型的一些表示"位"；已有相当多的研究在最大限度地提高量化模型的压缩能力，同时尽量减少模型质量的下降。现在，由于量化，许多 LLM 可在消费类硬件上运行，并取得了良好效果。

使用本书 GitHub 仓库中名为 04_05_fine_tuning 的 notebook，可更方便地使用本节的代码。可在 QLoRA 官方 GitHub 仓库中找到 QLoRA 的更强大实现：https://github.com/artidoro/qlora。

首先需要安装一些依赖项。

```
$ pip install -q -U trl accelerate git+https://github
```

```
.com/huggingface/peft.git git+https://github.com/
huggingface/transformers.git
$ pip install -q datasets bitsandbytes comet-ml
```

其中的大多数是用于训练 LLM 的 Hugging Face 库。有两个例外，一个是 Comet ML，另一个是 BitsAndBytes，前者用于跟踪实验，后者是用于量化模型的库。

安装依赖项后，需要下载数据集。为此，可使用 Hugging Face 的数据集库。具体而言，将使用 Guanaco 数据集，它是流行的 OpenAssistant 数据集的一个子集。

```
from datasets import load_dataset
dataset_name = "timdettmers/openassistant-guanaco"
dataset = load_dataset(dataset_name, split="train")
```

现在，可初始化模型。在该项目中，将使用 Mistral 的指令微调模型，该模型包含 73 亿个参数。撰写本书时，该模型是开源机器学习领域较卓越的成就之一。尽管规模很小，但性能与许多比其大得多的模型相当，可较好地完成常规推理任务。由于体积小，你可在更廉价的 GPU 上运行模型，甚至可对其进行微调。

> Mistral AI 发布的 Mistral 7B 模型(可参见 Albert Q. Jiang 等人撰写的文章 Mistral 7B, https://arxiv.org/abs/2310.06825)包含 73 亿个参数，在所有基准测试中都超过 Llama 2-13B 模型的性能，在许多方面可与 Llama 1-34B 媲美。它接近于 CodeLlama-7B 在编码任务上的表现，且能很好地支持英语。
>
> 这是一个开源模型，使用几种自注意力优化方式，以提高训练和推理的效率。此外，该模型针对指令跟踪进行了微调，得到一个名为 Mistral 7B Instruct 的模型，其性能优于其他所有包含 70 亿个参数的模型，与大多数包含 130 亿个参数的 Chat 模型相当。

运行以下代码来初始化模型：

```
import torch
from transformers import AutoModelForCausalLM,
```

```
AutoTokenizer, BitsAndBytesConfig
model_name = "mistralai/Mistral-7B-v0.1"
bnb_config = BitsAndBytesConfig(
    load_in_4bit=True,
    bnb_4bit_use_double_quant=True,
    bnb_4bit_quant_type="nf4",
    bnb_4bit_compute_dtype=torch.bfloat16,
)
model = AutoModelForCausalLM.from_pretrained(
    model_name,
    quantization_config=bnb_config,
)
model.config.use_cache = False
tokenizer = AutoTokenizer.from_pretrained(model_name,
trust_remote_code=True)
tokenizer.pad_token = tokenizer.eos_token
```

现在,就准备微调模型吧。然而,在模型就绪前,需要执行一项修改,即需要设置一些 LoRA 适配器。

> LoRA(Low-rank adaptation,低秩自适应)用于更有效地微调 LLM 的训练方法(可参见 Edward J. Hu 等人撰写的 LoRA: Low-Rank Adaptation of Large Language Models,https://arxiv.org/abs/2106.09685)。从本质上讲,LoRA 允许通过仅调整模型参数的一小部分(而非整个模型)来有效地调整 LLM 的预训练。这是通过引入可训练的低秩矩阵来实现的,这些矩阵调整了模型层的现有权重。LoRA 的主要原理是,这些小的附加矩阵可根据具体任务,对模型行为进行必要的调整,而不需要修改原始的、更大的权重集。这种方法大大减少了训练所需的计算资源,缩短了时间,从而能更方便、更持久地微调 LLM。
>
> 对 ML 从业者而言,LoRA 的魅力在于很好地平衡了效率和性能。在执行具体任务时,由于仅微调一小部分模型参数,LoRA 可保持模型的性能不变,甚至可提高性能。传统的方式是微调整个模型,计算成本很高,而 LoRA 一举扭转了局面。这样,将为在更广泛的领域和行业(特别是那些对计算资源的访问十分有限的行业)中应用 LLM 提供了新的可能性。

此外，LoRA 保持预训练模型基本不变，这意味着保留了预训练期间捕获的基础知识，确保微调后的模型能继续使用 LLM 的通用功能，同时可以满足特定任务的需求。

以下代码用于配置 LoRA 适配器：

```
from peft import LoraConfig
lora_alpha = 16
lora_dropout = 0.1
lora_r = 64
peft_config = LoraConfig(
    lora_alpha=lora_alpha,
    lora_dropout=lora_dropout,
    r=lora_r,
    bias="none",
    task_type="CAUSAL_LM",
    target_modules=[
        "q_proj",
        "k_proj",
        "v_proj",
        "gate_proj",
        "up_proj",
        "down_proj",
    ]
)
```

现在，适配器已经就绪，可以开始进行微调。在代码清单 4.4 中，使用 Hugging Face Trainer 来管理训练循环。此实用程序可带来诸多便利，其中之一是它自动与 Comet 集成，这意味着将跟踪和管理每一次训练，而你不必编写任何额外的样板代码(当然，我们鼓励你尝试记录其他参数和指标)。

代码清单 4.4　代码微调

```
from transformers import TrainingArguments
from trl import SFTTrainer
import comet_ml
comet_ml.init(project_name="finetune-mistral7b")
```

```python
output_dir = "./results"
per_device_train_batch_size = 4
gradient_accumulation_steps = 4
optim = "paged_adamw_32bit"
save_steps = 10
logging_steps = 10
learning_rate = 2e-4
max_grad_norm = 0.3
max_steps = 500
warmup_ratio = 0.03
lr_scheduler_type = "constant"
training_arguments = TrainingArguments(
    output_dir=output_dir,
    per_device_train_batch_size=per_device_train_batch_size,
    gradient_accumulation_steps=gradient_accumulation_steps,
    optim=optim,
    save_steps=save_steps,
    logging_steps=logging_steps,
    learning_rate=learning_rate,
    fp16=True,
    max_grad_norm=max_grad_norm,
    max_steps=max_steps,
    warmup_ratio=warmup_ratio,
    group_by_length=False,
    lr_scheduler_type=lr_scheduler_type,
    gradient_checkpointing=True,
)
max_seq_length = 512
trainer = SFTTrainer(
    model=model,
    train_dataset=dataset,
    peft_config=peft_config,
    dataset_text_field="text",
    max_seq_length=max_seq_length,
    tokenizer=tokenizer,
    args=training_arguments,
    packing=True,
```

```
)
trainer.train()
```

现在，可在 Comet 仪表盘中看到，随着训练的进行，性能损失稳步下降(见图 4.6)。

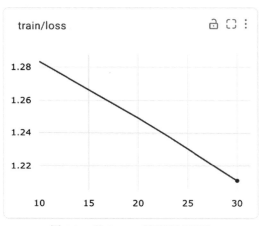

图 4.6　用 Comet 对训练进行跟踪

我们鼓励你完成实验。尝试使用不同的数据集，甚至不同的模型，看看会产生什么样的结果。

4.6　本章小结

本章内容丰富。你学习了在 LLM 上执行推理的所有内容，包括有助于获得最佳输出的提示工程、模型量化及如何微调 LLM。在当前，似乎每周都会涌现出新技术，以改进模型训练。本书出版一年后，极可能出现这样的局面：只包含 30 亿个参数的小模型，与本书出版时的包含 300 亿个参数的大模型能力相当。考虑到这一点，你阅读本章并完成练习的目标不应该是记住训练和推理中的每一个技巧，你应该努力熟悉这种"思路"，因为没有最好的训练和推理方法，只有更好的。有了这个基础，你将能快速跟上大模型领域的发展潮流。

第 5 章
合成一个完整的应用

在前面的章节中，你编写了脚本和 notebook，从而利用模型来解决问题。你学会了对数据进行版本控制，也学会了对实验进行跟踪。你掌握了足够多的知识，尤其是用 ML 和 LLM 来解决真正有意义的问题。下一个显而易见的问题是："如何构建可供他人使用的软件？"有几个不同的选项，如构建仪表盘、应用程序编程接口(API)，或者通过命令行接口提供模型。

你需要确定，在具体情况中，"生产"的真正含义是什么？从而确定正确选项。重点要考虑最终用户是谁，用户需要你交付什么样的产品？满足用户期望的最佳方式是什么？满足这些期望所需的推理类型是什么？你需要哪种管道来执行这种推理？哪种部署可以支持该管道？仪表盘选项对基础设施的要求最低，而实时 API 对基础设施的要求则高一些。

本章将演示一个仪表盘和一个 API。在决定如何向最终用户提供模型时，需要进行综合考虑。创建仪表盘的好处包括以下几点：

- 用户界面友好：如果目标受众并非技术人员，则更喜欢可视化表示，想要通过一个直观的界面与模型交互，查看结果。此时，仪表盘可能是正确之选。
- 实时监控：如果最终用户需要持续监控模型的结果，或者需要报告，仪表盘会提供动态变化的数据的实时视图。

将模型部署为 API 的主要好处如下：
- 自动化访问和集成。
  - 通过编写代码进行访问：使用 API，可对模型的预测进行程序化访问，从而促进与其他应用、系统或工作流的无缝集成。
  - 可扩展性：如果流量大，而且用户需求可能增长，则 API 是理想的选择。
- 简化了与后端的交互。
  - 后端处理：如果主要用例涉及后端处理，需要自动完成任务或集成到现有系统中，则最好使用 API。
  - 精简的工作流：API 允许系统在没有图形界面的情况下进行通信和共享数据，有助于提高自动化程度，简化工作流。
- 开发人员使用起来更方便。
  - 以开发人员为中心：API 对开发人员友好，可以吸引希望将 ML 功能集成到应用或服务中的技术受众。
  - 灵活：使用 API，用户可通过编程方式与模型交互，使用模型的功能。

综上所述，要根据最终用户的需求，来选择仪表盘或 API 选项。以下是一些需要考虑的因素：
- 用户需求：了解与模型输出交互的最终用户或系统的偏好和要求。
- 可用性与自动化：确定一下用户的重点需求，是交互和可视化，还是自动访问和集成。
- 可扩展性：考虑预期的使用量，以及模型未来是否需要扩展。
- 资源限制：评估可用于开发和维护的资源、时间、专业知识和基础设施。

考虑了选择和需求后，你可能意识到是时候构建一个应用了。在下一节中，将构建一个 Gradio 应用。

5.1 用 Gradio 得到应用的雏形

为快速启动和运行,第一步将设置一个简单的应用,然后添加下拉框、标签、下载按钮和其他一些元素。首先来看第一次迭代,即完成的 Gradio 应用会是什么样子的(见图 5.1)。

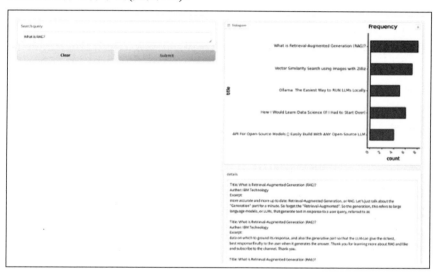

图 5.1 使用 Gradio

从图中可看到,有一个文本区域,供最终用户输入查询内容。此后,将看到返回的相关文本片段,以便你查看驱动显示可视化的输出。还将看到一个直方图,其中显示视频的标题及描述中有多少个相关的文本块。文本块的长度不定,文本片段之间可能重叠,有的视频比其他视频长得多。直方图中的指标非常"粗略",只能用于评估视频的相关性,当然不是最科学的衡量标准。由此,用 Gradio 得到了应用的雏形。

为应用构建一个用户界面后,应用将体现出价值、可用性。除了 Gradio,还有许多应用框架,如 Shiny(Python 和 R)、Streamlit 等。这些应用框架允许你创建用户友好的交互式界面,在不必进行 Web 开发的情况下部署 ML 模型。这些框架有许多共同点:

- 抽象化：这些框架隐藏了 Web 开发的复杂性，允许用户专心定义应用逻辑和 UI 组件。
- 反应性：遵循反应性编程范式，根据输入或变量的变化自动更新 UI。
- 后端集成：简化了后端功能(ML 模型、数据处理等)与 UI 的集成，使创建交互式应用程序变得更加容易。

Gradio 支持多种输入类型，包括文本、图像、音频和视频。同样，能通过文本、图像、图表和音频呈现输出结果。开发人员和用户可修改布局、样式和组件，根据自己的偏好或品牌要求定制应用，开发一个具有个性色彩的界面。

Gradio 具有实时代码编辑功能，用户可即时更新界面，在开发过程中提供即时反馈。此外，可共享链接或嵌入代码来方便地共享应用，使部署和分发变得更容易。与各种 ML 框架的无缝集成允许用户部署使用 TensorFlow、PyTorch、scikit-learn 等开发的模型。Gradio 的互操作能力超越了 Python，促进了与用其他语言或框架开发的模型的集成。Gradio 支持交互式数据分析，通过可视化表示和数据驱动来提高用户的洞察力。用户可从 ML 模型即时接收预测或反馈信息，帮助制定决策或分析假设场景。

这些框架让用户能更顺利地完成工作。Python 代码通常十分简单，只需要编写几行代码就能启动并运行一个应用。

在开始使用应用前，我们仍然需要进行开发，获得准备在应用上显示的可视化效果。Gradio 并不直接支持可视化库 Plotnine；这里，将创建一个图形，将其存储为图像，然后在仪表盘中显示出来。当输入新的用户查询时，将创建、保存和显示新图形。Leland Wilkinson 撰写的 *Grammar of Graphics* 一书讲解全面，有很多可圈可点之处。

5.2 使用 Plotnine 创建图形

Plotnine 是一个 Python 库，受到了 R 中 ggplot2 的启发。有了 Plotnine，用户能利用 *Grammar of Graphics* 一书中介绍的知识，创建优雅的、富有表现力的图形。这是一种思考和构建图形的方式，利用基本组件有序地构建图形。下面列出 Wilkinson 的 *Grammar of Graphics* 一书的要点。

- 美学映射(aesthetic mappings，aes)：美学映射将数据集中的变量与颜色、大小、形状和位置等视觉属性联系起来，定义了如何直观地表示数据属性，如将变量映射到 x 轴或颜色梯度上。
- 几何对象(geom)：geom 是用于表示绘图中数据点的可视元素。示例包括用于散点图的 geom_point()和用于柱状图的 geom_bar()。
- 缩放：使用 x 轴和 y 轴。如果图中的轴表示为分数、百分比、对数等，缩放将有助于你处理问题。
- lab：这是定义标签的地方，包括主标题、轴标签、图例标题、副标题、字幕等。
- 分面(faceting)：分面涉及将数据集划分为子集并创建多个图，每个图显示一个数据子集。有助于同时可视化不同的数据段。

除了这些具体的知识点，*Grammar of Graphics* 一书还向读者灌输一些重要思想。

- 分解可视化过程：提议将可视化过程分解为模块化组件。每个组件(数据、美学映射、几何对象等)都有助于创建最终图形。
- 分层：通过将不同的组件叠加在一起来构建图形。例如，可对多个几何对象(点、线)进行分层，以创建复杂图形。
- 灵活性和一致性：语法允许灵活地创建各种可视化图形，同时保持结构的一致性和连贯性。用户可修改特定组件以完善可视化效果，而不必重新构图。
- 定制：用户可以根据语法，调整美学映射、几何对象、比例和其他组件，来实现所需的效果，进行定制。

你可以参照以上思路，开始构图。

```
from plotnine import (
    ggplot,
    geom_histogram,
    aes,
    theme,
    element_text,
```

```
    labs,
    coord_flip
)
from plotnine.themes.theme_classic import
theme_classic
    # creating a list of the titles to make a
dataframe for the histogram
    titles = []
    for result in results[0]:
        titles.append(
            [result['entity']['title']])
    # at this point, titles will look like:
    # [ ['Beginner -Data  Science'], ['Beginner -
Data Science'], ['20 Quick Tips'] ]
    # plotnine needs a dataframe!
    titles_dataframe = pd.DataFrame(data=titles,
columns=['title'])
    p = ggplot(titles_dataframe, aes(x='title')) + \
      geom_histogram(binwidth=0.5,
                     colour="#000000",
                     fill='#ff007f',
                     position="identity") + \
    coord_flip() + \
    theme_classic() + \
    theme(axis_text_x=element_text(rotation=45,
hjust=1)) + \
    labs(title='Frequency of Relevant Text Chunks')
```

太棒了，我们已构建了图形和向量数据库，可以开始了。仍然需要对数据进行清洗，将其转换为需要在应用中显示的格式。由于希望看到图形数据的相关文本输出进入应用，我们需要进行设置。同样，本书配套的 GitHub 中添加了一个 Colab，因此你需要做的就是运行提供的代码。

首先，可轻松地创建图像，然后将图像名传递给 Gradio。

```
image_name = 'image.png'
p.save(image_name)
```

接下来，需要构建一个字符串，其中包含我们希望在应用的输出中包含的信息。

```
output_text = ''
   for result in results[0]:
      output_text += 'Title: ' + result['entity']
['title'] + '\n'
      output_text += 'Author: ' + result['entity']
['author'] + '\n'
      output_text += 'Excerpt:\n' + result['entity']
['text'] + '\n\n'
```

前两个元素是 search_video_parts()函数的一部分；将该函数传递给 Gradio。有了这个函数后，如果已设置好数据库，你可导入库，运行函数，并显示应用程序。如果仍需要设置向量数据库，则必须首先进行设置(请参阅第 3 章)。以下代码不能独立运行，是 GitHub 库中一个更大函数的一部分；然而，为清晰起见，我们希望逐段分析代码。最后，你将能用以下代码显示应用：

```
demo = gr.Interface(
   fn=search_video_parts, # This is the function
defined earlier in this block.
   inputs=gr.Textbox(label="Search query"),
   outputs= [
      gr.Image(label="histogram"), # The first thing
returned is an image name
      gr.Textbox(label="details") # The second thing
returned is a string
   ]
)
demo.launch(debug=True)
```

gr.Interface()是用于创建用户界面的核心函数。它的参数包括 ML 模型或 fn，以及各种可选参数，以定义输入、输出和 UI 组件。inputs 指定用户与应用交互的输入类型，如文本、图像、视频或其组合；允许定义输入格式和约束。outputs 指定用户在与模型交互后收到的输出类型。launch()在本地服务器启动 Gradio 接口，使用户能通过 Web 界面与定义的模型或函数交互。

首先用 pip install 命令安装依赖项并重新启动运行库(单击 Runtime，然后单击 Restart Session)。安装过程如下：

```
!pip install \
  pymilvus==2.3.4 \
  langchain==0.0.352 \
  openai==1.6.1 \
  pytube==15.0.0 \
  youtube-transcript-api==0.6.1 \
  pyarrow==14.0.2 \
  typing_extensions==4.9.0 \ gradio
```

可用以下代码创建应用。

代码清单 5.1　用 Gradio Plotnine 创建应用

```
import gradio as gr
import openai
import pandas as pd
from plotnine import (
    ggplot,
    geom_histogram,
    aes,
    theme,
    element_text,
    labs,
    coord_flip
)

from plotnine.themes.theme_classic import theme_classic
from pymilvus import (
    Collection,
    CollectionSchema,
    connections,
    DataType,
    FieldSchema,
    utility,
```

```python
    MilvusClient
)

COLLECTION_NAME = 'youtube'
ZILLIZ_CLUSTER_URI = '[YOUR_ZILLIZ_URI]'
# Endpoint URI obtained from Zilliz Cloud
ZILLIZ_API_KEY = '[YOUR_ZILLIZ_API_KEY]'
connections.connect(uri=ZILLIZ_CLUSTER_URI,
token=ZILLIZ_API_KEY, secure=True)

client = MilvusClient(
    uri=ZILLIZ_CLUSTER_URI,
    token=ZILLIZ_API_KEY)

openai_client = openai.OpenAI(api_key=
'[YOUR_OPENAI_API_KEY]')

# Extract embedding from text using OpenAI
string ->
vector
# This function is directly from https://docs.zilliz
.com/docs/similarity-search-with-zilliz-cloud-and-
openai, but with "text-embedding-ada-002" added.
def create_embedding_from_string(text):
    return openai_client.embeddings.create(
        input=text,
        model='text-embedding-ada-002').data[0]
.embedding

def search_video_parts(query):

    results = client.search(
        collection_name=COLLECTION_NAME,
        data=[create_embedding_from_string(query)],
# Embeded search value
        search_params={ "metric_type": "IP" },
        limit=30, # Limit to 30 results per search
        output_fields=['title', 'author', 'part_id',
'max_part_id', 'text']) # Include title
```

```
field in result

    # creating a list of the titles to make a
dataframe for the histogram
    titles = []
    for result in results[0]:
        titles.append(
            [result['entity']['title']])
    # at this point, titles will look like:
    # [ ['Beginner -Data Science'], ['Beginner -
Data Science'], ['20 Quick Tips'] ]
    # plotnine needs a dataframe!
    titles_dataframe = pd.DataFrame(data=titles,
columns=['title'])

    p = ggplot(titles_dataframe, aes(x='title')) + \
        geom_histogram(binwidth=0.5,
                       colour="#000000",
                       fill='#ff007f',
                       position="identity") + \
        coord_flip() + \
        theme_classic() + \
        theme(axis_text_x=element_text(rotation=45,
hjust=1)) + \
        labs(title='Frequency of Relevant Text Chunks')
    # Save the plot to an image and call it "image
.png" Return this image name to gradio
    image_name = 'image.png'
    p.save(image_name)

    # Build a string with lots of info from the
search response
    output_text = ''
    for result in results[0]:
        output_text += 'Title: ' + result['entity']
['title'] + '\n'
        output_text += 'Author: ' + result['entity']
['author'] + '\n'
        output_text += 'Excerpt:\n' + result['entity']
```

```
    ['text'] + '\n\n'

    # Return multiple values, which gradio can display
in separate boxes
    return image_name, output_text

demo = gr.Interface(
    fn=search_video_parts, # This is the function
defined earlier in this block.
    inputs=gr.Textbox(label="Search query"),
    outputs= [
        gr.Image(label="histogram"), # The first thing
returned is an image name
        gr.Textbox(label="details")  # The second
thing returned is a string
    ]
)

demo.launch(debug=True)
```

现在已经有一个可用的应用程序了，真的令人激动不已！有一个可用的应用虽然很棒，但显然缺少很多元素。在现实中，你可能希望添加下拉框、表格、附加行或自定义的 CSS，来调整外观。虽然本章不准备全面讲述 Gradio，但仍会尽量多介绍一些内容。

- 为作者添加一个下拉框
- 添加徽标
- 创建选项卡
- 在用户界面的左上角添加标题和副标题
- 更改按钮的颜色
- 添加下载按钮
- 将组件合在一起

当构建应用的 UI 时，通常会首先想到上述项目。在执行代码块之前，需要确保 notebook 的前几个单元格已经运行，而且你已连接到数据库。图 5.2 显示了仪表盘的有了一些扩展的视图。

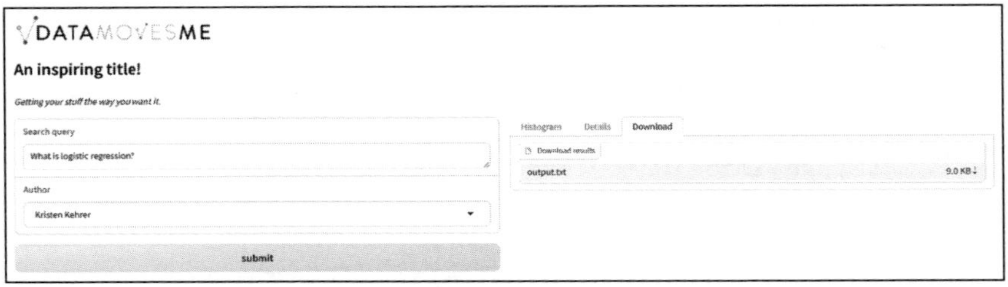

图 5.2 增加了功能的 Gradio

这里，有三个选项卡，分别是 Histogram、Details 和 Download，用于显示直方图、详细信息或按钮(下载数据)。无论对于 BI 还是 AI 应用，如果利益相关方要求提供下载按钮，请勿大惊小怪。

5.2.1 添加选择框

在处理更复杂的项目时，最终用户通常希望拥有能在仪表盘中过滤的数据元素。由于本示例的数据集并不复杂，将使用作者的下拉选择框。要将选择框添加到应用中，将使用 Dropdown()函数，将下拉列表添加到 UI 中。但此时，它尚未连接。

```
with gr.Blocks() as app:
    gr.Textbox(label="Search query")
    gr.Dropdown(value="Kristen Kehrer", choices=["Kristen Kehrer", "Ken Jee"], interactive=True)

app.launch(debug=True)
```

这样，就有一个下拉列表，如图 5.3 所示。

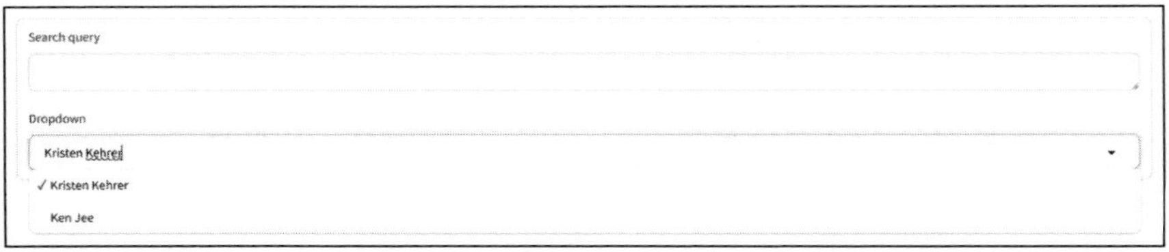

图 5.3 添加选择框

我们只添加了下拉菜单，并无提交按钮。当你看到最终代码协同工作时，还将在 submit.click 函数中添加作者以使其工作。

```
submit.click(fn=search_video_parts,
             inputs=[query, author],
             outputs=[hist, details, download])
```

5.2.2 添加徽标

我们将使用 DATAMOVESME 徽标的 URL，将其添加到应用中。在 Gradio 中，块通常指用于构建和自定义用户界面的组件。这里使用 Gradio 中的 HTML 函数传递徽标，并用一些样式来定制图像的宽度、背景色和边距。

```
LOGO_URL = "https://images.squarespace-cdn.
com/content/
v1/64d51f57b818e4765cf3b0bb/489ed659-eac3-48e2-9043-
3b653cc4d173/DATAMOVESME_COLOR.png?format=1500w"

with gr.Blocks(fill_height=True) as app:
    gr.HTML(f'<img src="{LOGO_URL}" style="width:300px;
background-color:white; padding:5px" />')

app.launch(debug=True)
```

5.2.3 添加选项卡

接着添加一个选项卡。利用 Gradio 选项卡，可以方便、有效地在单个界面中组织和呈现多个组件或视图。这里指定两个选项卡；第一个是包含图像的 Histogram 选项卡，第二个是用于创建直方图的相关数据，将是一个文本框。

```
with gr.Blocks() as app
    with gr.Tab('Histogram'):
      gr.Image()
    with gr.Tab('Details'):
```

```
    gr.Textbox()

app.launch(debug=True)
```

图 5.4 显示了选项卡。

图 5.4 添加选项卡

5.2.4 添加标题和副标题

Gradio 中的标题和副标题十分重要，可提供上下文，指导用户，改善整体用户体验。我们将用另一个块来定制布局，并用 HTML 函数来添加文本。这里创建了一个 h1 标题和一个 em 子标题。em 是 CSS 中的一个度量单位，与文本的字号相关。

```
with gr.Blocks() as app:
  gr.HTML('<h1>An inspiring title!')
  gr.HTML('<em>Getting your stuff the way you want it.')

app.launch(debug=True)
```

5.2.5 更改按钮的颜色

Gradio 有预定义的颜色可供选择。这里选择了青色，但也可传递自定义颜色对象以获得更具体的颜色。以下代码设置了两个按钮的颜色。这两个按钮一个用于清除输入，一个用于提交输入内容；主题应用了青色配色方案。

```
    theme = gr.themes.Default(primary_hue="teal")

    with gr.Blocks(fill_height=True, theme=theme) as app:
```

```
  gr.Textbox(label="text")
  with gr.Row():
    gr.Button('clear')
    gr.Button('submit', variant='primary')
app.launch(debug=True)
```

在图 5.5 中,可以看到彩色按钮(请注意,本书是黑白印刷,未能显示出彩色效果,后同)

图 5.5 更改按钮的颜色

5.2.6 添加下载按钮

编写以下代码,将可下载直方图。首先在名为 image.png 的文件中添加一个下载图像。该文件不应该放在 Colab 的 sample_data 文件夹中,而应放在与 sample_data 文件夹相同的级别。注意,在右侧,可单击蓝色的向下箭头下载直方图。

```
with gr.Blocks() as app:
  gr.File('image.png')

app.launch(debug=True)
```

图 5.6 显示了下载按钮。

图 5.6 添加一个下载按钮

5.2.7 将组件合在一起

下面是包含上述功能的最终应用的代码。

```
LOGO_URL = "https://images.squarespace-cdn.com/content/
v1/64d51f57b818e4765cf3b0bb/489ed659-eac3-48e2-9043-
```

```
3b653cc4d173/DATAMOVESME_COLOR.png?format=1500w"
query = gr.Textbox(label="Search query")
author = gr.Dropdown(label="Author",
                    value="Kristen Kehrer",
                    choices=["Kristen Kehrer",
"Ken Jee"])
hist = gr.Image(label="histogram")
details = gr.Textbox(label="details", lines=20)
submit = gr.Button("submit")
download = gr.File(label="Download results")

with gr.Blocks(fill_height=True) as app:
  gr.HTML(f'<img src="{LOGO_URL}" style="width:300px;
background-color: white; padding:5px"/>')
  gr.HTML('<h1>An inspiring title!')
  gr.HTML('<em>Getting your stuff the way you
want it.')
  with gr.Row():
    with gr.Column():
      query.render()
      author.render()
      submit.render()
    with gr.Column():
      with gr.Tab('Histogram'):
        hist.render()
      with gr.Tab('Details'):
        details.render()
      with gr.Tab('Download'):
        download.render()

      submit.click(fn=search_video_parts,
                  inputs=[query, author],
                  outputs=[hist, details, download])

app.launch(debug=True)
```

现在，你有了一个应用，其中包含利益相关方要求纳入的通用元素。一旦有了 LLM 驱动的演示版应用，可能发现延迟时间过长，无法部署到实际环境中。此时,你没有很多并发用户(因为还没人使用你的应用)。在数据集扩展到很大前,暂时不需要增加资源。当你第一次尝试缩短应用的延迟时,会发现输出词元的数量是影响延迟的最大因素之一,输入词元影响不大。建议你阅读一篇关于该主题的精彩文章 https://www.taivo.ai/__making-gpt-api-responses-faster。

笔者曾遇到过一个解决延迟问题的用例(是一家咨询公司的 LLM 驱动的应用程序,该应用程序供内部使用,流量较小)。最终,解决方案是在用户单击 Submit 按钮时对 API 进行三个并发调用。笔者发现在运行应用时,响应时长差异很大。一个请求需要一分钟,而另一个请求则需要五分钟。通过三个 API 调用并选择显示速度最快的,应用的延迟时间缩短到原来的三分之一;由于用户较少,这种提高输出速度的做法是合算的。考虑每个 API 调用涉及的词元数量,每次使用的成本是 7.5 美分。

还需要考虑所用的模型。该项目最初使用默认模型 GPT 3.5。当升级到 GPT 4 时,输出质量明显提高,但运行时间更长。在这个特定用例中,内容质量最重要,是客户最需要的。对于内容的外观和声音,进行了大量的提示调整。

最后,为缩短应用的延迟,需要减少输出词元数量。最初,输出只有一个字母,然后是一个输出框,给出输出这个字母的推理过程。输出词元的数量约为 1500 个。通过要求模型减少其推理说明,保持输出简洁,可在一定程度上缩短延迟时间。

最终,每次运行应用程序的平均时长约为 20 秒。

通过以上的描述,你将能构建一个简单的 LLM 驱动的应用,并了解影响延迟的因素。

如果你决定为用例部署 API,请阅读下一节的内容。

5.3 将模型部署为 API

在本章的最后,将指导你部署一个 API。该 API 实现在第 4 章中设计的一个管道。为此,将使用 OpenAI API 和部署到你自己的云账户的 LLM(第二部分是可选的)。

部署是机器学习领域一个有趣的话题。"生产"的定义因项目而异，因此，"部署到生产环境"可能意味着部署一个本地模型，每周生成一次预测；也可能意味着部署一个实时 API，以支持 1000 个并发用户。在下一章中，将更深入地探索不同的架构，但现在，你将专注于部署一个简单的推理服务器。

部署的总体架构十分简单。你将拥有一个面向用户的 API，用于接收用户的请求。此后，你将拥有托管模型(或 OpenAI)，API 将与其通信。

在更复杂的环境中，可能还有其他许多组件。例如，可能需要配备向量数据库或其他数据库来提供专门的服务。你可能实现一个诸如 Nginx 的真正 Web 服务器来处理传入的请求，所有这些不同的服务都可能部署到 Kubernetes 集群中。然而，实施所有这些是一个宏大的基础设施项目，通常由专业的平台工程团队完成。

其中的每个组件都是独立的服务，有自己的专用资源。可将它们看作是在不同的计算机上运行的(从技术角度看，也可能在同一台大型计算机上作为不同的虚拟机运行)。有以下几个原因。

首先，通过分离服务，可有效地控制成本。这些服务有不同的计算需求。Web 服务器不需要太多基础设施，可用十分便宜的硬件轻松进行扩展，从而支持数千名用户。而 LLM 需要非常强大的 GPU，十分昂贵。通过解耦这些服务，可根据需要扩展 GPU，同时将 Web 服务器的资源保持在较低水平。

第二个原因涉及安全和控制。你不希望用户直接访问模型。例如，可合理地假设对用户查询 LLM 的频率施加一些限制。你不希望僵尸软件向你的模型发出大量请求，产生巨额计算账单，而真实用户的服务质量却大打折扣。为实施速率限制，服务器需要执行一些复杂的逻辑。需要记录用户请求，并针对每个查询检查用户在最近发出了多少请求。若在运行 LLM 推理的同一服务中执行所有这些操作，将十分笨拙，会造成模型性能下降，模型只能等到检查完成后才能接着运行。

最后，需要考虑可改进性。记住，你最终希望构建一个可改进的系统。假设你想稍后将 LLM 用于另一个不需要进行速率限制的情形。若将速率限制逻辑嵌入推理 API 中，则无法做到这一点。同样，你添加的任何功能都可能需要自己的计算资源。由于 LLM 对计算的需求量很大，在部署 LLM 的同一台计算机上嵌入额外的服务最终会导致 LLM 的性能受限。

为帮助你了解这些概念，本章其余部分将致力于实现一个简单的部署，从面向用户的 API 开始。

5.3.1 用 FastAPI 实现 API

首先来实现 API。需要实现的组件有两个。第一个称为 Web 框架。该框架负责 API 的实际应用逻辑，将定义当用户向服务器上的 URL 发出请求时应该发生什么。用户可能访问的不同 URL 路径称为路由。使用 Web 框架，可为每个路由定义适当的响应。例如，如果用户查询路由/question，你可能需要实现一些逻辑来返回答案。

下面的示例代码演示了路由的实现方式。使用了 FastAPI；FastAPI 是最流行的 Python Web 框架之一，与 Flask 等其他流行框架十分相似。

```
import json
from abc import ABC, abstractmethod
from typing_extensions import Annotated
from pydantic import BaseModel
from pydantic_settings import BaseSettings, 
SettingsConfigDict
from fastapi import Depends, FastAPI
from openai import OpenAI

from app.framework import (
    EquationPipeline,
    PromptNode,
    init_client
)
from app.config import get_settings

app = FastAPI()
settings = get_settings()
client, get_completion = init_client(settings
```

```
.OPENAI_API_KEY)

# Model for incoming requests
class MathRequest(BaseModel):
    equation: str
    with_cot: bool

@app.post('/equation')
async def equation(request: MathRequest):
    pipeline = EquationPipeline(generate=get_
completion, with_cot=request.with_cot)
    output = pipeline.run(prompt=request.equation)
    return output
```

你可能已经注意到,此段代码中包含几个对实用程序文件的引用,如 app.config 等。如果你想查看完整代码,可访问本书的 GitHub 仓库。

这里,实际的路由逻辑十分简单。当用户单击 /equation 路由时,应用将运行 EquationPipeline 并返回响应。例如,可通过 CURL 提交以下的 JSON 请求:

```
{
    "equation": "8^6 -4 * 6",
    "with_cot": true
}
```

返回的结果如下:

```
8^6 means 8 multiplied by itself 6 times. So, 8^6 =
8 * 8 * 8 * 8 * 8 * 8 = 262,144. Now, we can
substitute this value into the equation: 262,144 -4
* 6. Multiplying 4 by 6 gives us 24, so the equation
becomes 262,144 -24. Finally, we can solve this by
subtracting 24 from 262,144, giving us a final answer
of 262,120. Therefore, the solution to the equation
is 262,120.
```

但你实际上还无法访问路由,因为 FastAPI 应用尚未在服务器上运行。为此,需要一个 Web 服务器,与 FastAPI 配对的最受欢迎的选项是 Uvicorn。

5.3.2 实现 Uvicorn

Uvicorn 是一个为 Python 构建的 ASGI(asynchronous server gateway interface，异步服务器网关接口)Web 服务器。这基本上意味着它能处理异步请求。使用起来十分简单；如果需要的话，你也可参阅 Uvicorn 文档。只需要运行以下命令：

```
pip install "uvicorn[standard]"
```

随后，从包含应用模块的目录中运行以下命令：

```
uvicorn main:app -reload
```

现在，Uvicorn 应用将会运行，托管 FastAPI 应用，并在你更改文件时随时重新加载。瞧！你有了一个可供用户使用的简单 API。

5.4 监控 LLM

部署 LLM 时，你需要进行监控；过程基本上与监控机器学习模型一样，只是有一些附加的要求。你想跟踪使用情况，因为使用的词元越多，推理就越昂贵。根据用例，还可能想跟踪推理序列(通常称为链)。最后，可能还想收集用户对推理的反馈，这些反馈需要记录下来并与正确的推理链正确关联。

为实现这种跟踪，你将使用 Comet LLM，这是 Comet 的开源 LLM 跟踪库。与前面的例子一样，该库的 API 很简单，与其他流行的库类似；这样，如果想选用不同的工具，切换将较为容易。

在 projects.env 文件中，应该在其中存储密钥，如 API 密钥。需要添加以下的代码行：

```
COMET_API_KEY='[YOUR_COMET_API_KEY]'
COMET_WORKSPACE='[YOUR_COMET_USERNAME]'
COMET_PROJECT_NAME=llmops-project
```

完成此操作后，可运行 pip install comet-llm，并用以下代码更新

get_completion()函数(该函数应当是在 framework.py 文件中定义的):

```python
def get_completion(
    prompt,
    model="gpt-3.5-turbo-instruct",
    temperature=0,
    max_tokens=2000,
    **kwargs
):
    response = client.completions.create(
        model=model,
        prompt=prompt,
        temperature=temperature,
        max_tokens=max_tokens,
        **kwargs
    )

    comet_llm.log_prompt(
        prompt=prompt,
        output=response.choices[0].text,
        metadata= {
            "usage.prompt_tokens": response
.choices[0].usage.prompt_tokens,
            "usage.completion_tokens": response
.choices[0].usage.completion_tokens,
            "usage.total_tokens": response
.choices[0].usage.total_tokens,
            "temperature": temperature,
            "max_tokens": max_tokens,
            "model": model
        },
    )

    return response.choices[0].text
```

现在，当查询 API 时，所有相关数据都将记录在 Comet 中；在未来，你可以随时在 Comet 中进行分析。

5.4.1 用 Docker 部署服务

为将服务部署到生产环境，最后一步是将服务封装在容器中。在本例中，将使用 Docker 和 DockerHub。

> 容器是一个独立的包，量级轻，封装了一段软件包，使其可在不同的计算环境中统一地、一致地运行。与传统的虚拟机不同，容器不会捆绑整个操作系统，只包括应用、依赖项、库和其他必要的二进制文件。该方法确保无论容器部署在哪里，软件都将以相同的方式运行。
>
> 在 MLOps 中，容器尤为重要，为数据科学家提供了一种封装模型所需的确切环境的方法。这样，模型具有可重复性，运营团队不必尝试为投入生产而重新实现模型。

将服务封装在容器中有诸多好处，其中之一是易于部署。你可在本地或自己喜欢的任何云提供商那里运行该服务，而不必修改容器。你可以简单地复制容器，更容易扩展。

容器的模板称为镜像，创建、管理容器及镜像的最流行平台是 Docker。可通过 Docker 的官方网站安装 Docker。

安装后，可开始将服务容器化。首先，需要在项目的根目录中创建一个名为 Dockerfile 的文件。这里，将输入图像的原始指令。Dockerfile 应该是这样的：

```
# Use an official Python runtime as a parent image
FROM python:3.10-slim

# Set the working directory in the container
WORKDIR /usr/src/app

# Copy the current directory contents into the
container at /usr/src/app
COPY . .

# Install any needed packages specified in
requirements.txt
RUN pip install --no-cache-dir -r requirements.txt
```

```
# Make port 8000 available to the world outside
this container
EXPOSE 8000

# Define environment variable
ENV PYTHONUNBUFFERED=1

# Run app.py when the container launches
CMD ["uvicorn", "app.main:app", "-- host", "0.0.0.0",
"-- port", "8000"]
```

在此文件中,说明了安装需求,设置了服务器,公开了用户将要访问的端口,并运行了 Uvicorn 服务器。

记住,如果你想了解代码的更多上下文,可从本书的 GitHub 仓库中看到完整代码库。

一旦有了 Dockerfile,你需要为 Docker Compose 创建一个模板。Docker Compose 是一项服务,使你能更好地控制容器,允许你指定资源等。要使用 Docker Compose,只需要创建一个名为 docker-compose.yml 的文件,如下所示:

```
version: '3.8'

services:
  api:
    build: .
      command: uvicorn app.main:app -- host 0.0.0.0
--port 8000
    volumes:
      - .:/usr/src/app
    ports:
      - "8000:8000"
    env_file:
      - .env
```

该文件定义了一个名为 api 的服务，并告诉 Docker 最重要的文件(如.env 文件)在哪里，告诉其他关键信息，如要运行的命令和要打开的端口。

一旦构建了所有这些，就可从终端运行 docker compose，应用将会立即启动。

5.4.2 部署 LLM

假如你并不准备使用 OpenAI 模型，该怎么办？幸运的是，你可将几乎其他任何 LLM 部署为独立服务，而不必对现有的面向用户的 API 进行任何重大更改。

原因在于，许多流行的 LLM 服务解决方案，如这里使用的方案，都有意构建了与 OpenAI 库兼容的 API。所以，你要做的就是更新 OpenAI 库使用的 URL，使其指向你部署的模型，其他一切不变。

首先，需要部署一个模型。为方便起见，将使用三个流行工具：
- vLLM：一个为 LLM 提供服务的开源库。它开箱即用地实现了各种形式的量化和推理优化，提供了高吞吐量的推理，而不需要任何额外的基础设施工作。
- SkyPilot：一个开源框架，允许在任何云提供商的平台上运行 vLLM。
- Hugging Face：这是语言模型领域最受欢迎的平台，提供免费模型托管，以及 Transformers 等超级流行的库。

第一个任务就是简单地使用 vLLM 构建一个 API 服务器。首先，需要通过 pip install vllm 下载 vLLM。完成此操作后，可在命令行运行以下代码来部署与 OpenAI API 兼容的服务器：

```
$ python -m vllm.entrypoints.openai.api_server \
$ --model facebook/opt-125m
```

vLLM 在幕后所做的工作十分重要。vLLM 从 Hugging Face 获取 facebook/opt-125m 模型，自动为该模型执行大量优化。vLLM 实现了 Paged Attention，这本质上是 Transformer 模型更有效的自注意力形式。vLLM 还使用优化的 CUDA 内核,对模型本身进行各种优化,并自动支持多种量化。CUDA(Compute Unified Device Architecture,统一计算设备架构)是由 NVIDIA 创建的并行计算平台。

但对你而言,这只是另一个 API。例如,可简单地通过 ping API 来运行推理,如下所示:

```
curl http://localhost:8000/v1/completions \
-H "Content-Type: application/json" \
-d '{
    "model": "facebook/opt-125m",
    "prompt": "San Francisco is a",
    "max_tokens": 7,
    "temperature": 0
}'
```

现在,下一个问题是如何将 vLLM 部署到云端?这就是 SkyPilot 发挥作用的地方。首先,需要安装 SkyPilot:

```
$ pip install "skypilot-nightly[aws,gcp,azure,oci,lambda,runpod,ibm,scp,kubernetes]" # choose your clouds
```

安装后,可以开始自定义部署。与许多 DevOps 工具一样,SkyPilot 使用 YAML 模板文件来自定义部署。在项目目录中,创建一个名为 service.yaml 的文件,并填充以下代码:

```
# service.yaml
name: flan-t5-large

service:
  readiness_probe: /v1/models
  replicas: 2

# Fields below describe each replica.
resources:
  cloud: aws
  ports: 8080
  accelerators: t4
```

```
setup: |
  conda create -n
  vllm python=3.9 -y
  conda activate vllm
  pip install vllm

run: |
  conda activate vllm
  python -m vllm.entrypoints.openai.api_server \
    --tensor-parallel-size $SKYPILOT_NUM_GPUS_PER_NODE \
    --host 0.0.0.0 --port 8080 \
    --model google/flan-t5-large
```

如果你不熟悉 YAML 模板或 DevOps，可能对以上代码感到有些困惑，但实际上，原理非常简单。service 块定义了服务的高级配置，这里，你正在指示系统应该使用哪个云，应该在哪里 ping 以查看服务是否就绪，以及应该启动多少服务副本(replica)。通常会部署多个，这样，如果其中一个满载，可启用另一个。service.yaml 文件中的其他块指定了每个副本的一些信息。例如，resources 块指定要打开哪些端口以及需要哪种类型的 GPU。setup 块定义了在初始启动时运行的命令，run 块指定了在一切就绪时运行什么。

如果愿意，你可使用远比这复杂的配置。例如，可使用 Spot Instance(即公共云以折扣价提供的未使用实例)，或配置服务自动扩展到其他副本时的具体行为。如果对此感兴趣，建议你浏览 SkyPilot 文档。

填写 YAML 后，需要运行 sky serve up service.yaml。根据本地设置，系统可能提示你输入云授权密钥。处理 YAML 后，应该看到如下的界面：

```
Service from YAML spec: service.yaml
Service Spec:
Readiness probe method:          GET /v1/models
Readiness initial delay seconds: 1200
Replica autoscaling policy:      Fixed 2 replicas
Each replica will use the following resources
(estimated):
AWS: Fetching availability zones mapping...I 02-01
```

```
15:40:11 optimizer.py:694] == Optimizer ==
I 02-01 15:40:11 optimizer.py:705] Target:
minimizing cost
I 02-01 15:40:11 optimizer.py:717] Estimated cost:
$0.5 / hour
I 02-01 15:40:11 optimizer.py:717]
I 02-01 15:40:11 optimizer.py:840] Considered
resources (1 node):
I 02-01 15:40:11 optimizer.py:910] ----------------------
-----------------------------------------------------------
---------------
I 02-01 15:40:11 optimizer.py:910]  CLOUD     INSTANCE
vCPUs    Mem(GB)  ACCELERATORS    REGION/ZONE    COST
($)    CHOSEN
I 02-01 15:40:11 optimizer.py:910] ----------------------
-----------------------------------------------------------
---------------
I 02-01 15:40:11 optimizer.py:910]  AWS      g4dn
.xlarge    4       16       T4:1          us-east-1
0.53                                   ✓
I 02-01
15:40:11 optimizer.py:910] --------------------------------
-----------------------------------------------------------
---------------
I 02-01 15:40:11 optimizer.py:910]
I 02-01 15:40:11 optimizer.py:928] Multiple AWS
instances satisfy T4:1. The cheapest AWS(g4dn.xlarge,
{'T4': 1}, ports=['8080']) is considered among:
I 02-01 15:40:11 optimizer.py:928] ['g4dn.xlarge',
'g4dn.2xlarge', 'g4dn.4xlarge', 'g4dn.8xlarge',
'g4dn.16xlarge'].
I 02-01 15:40:11 optimizer.py:928]
I 02-01 15:40:11 optimizer.py:934] To list more
details, run 'sky show-gpus T4'.
Launching a new service 'sky-service-a6ea'.
Proceed? [Y/n]: n
```

响应Y后,模型服务将启动!这样就部署了模型。可通过运行sky-server

status 来查看模型的端点，它将返回如图 5.7 所示的表。

```
[(sky-serve) →  ~ sky serve status
Services
NAME      UPTIME   STATUS   REPLICAS   ENDPOINT
vllm      7m 43s   READY    2/2        3.84.15.251:30001

Service Replicas
SERVICE_NAME   ID   IP             LAUNCHED      RESOURCES               STATUS   REGION
vllm           1    34.66.255.4    11 mins ago   1x GCP({'L4': 8}))      READY    us-central1
vllm           2    35.221.37.64   15 mins ago   1x GCP({'L4': 8}))      READY    us-east4
```

图 5.7　部署的模型

该端点的使用方式与 OpenAI API 的使用方式完全相同。事实上，可将此端点作为基本 URL 传递给 OpenAI 客户端，如下所示：

```
client = OpenAI(base_url="YOUR-URL")
```

为在 Hugging Face 中指定你想提供的任何模型，只需要在 YAML 中指定即可。这意味着，如果你想部署一个你训练过的自定义模型，只需要将其上传到 Hugging Face，并将你的服务指向它。

现在，你有一个功能齐备的服务！

5.5　小结

在本章中，我们使用各种技术来构建应用。使用 Gradio 进行原型设计，使用 Plotnine 创建图形，将模型部署为 API；我们探索了应用开发的不同方面。

讲述了如何使用 Fast API 和 Uvicorn 实现 API，以及通过监控以获得最佳性能的重要性。使用 Docker，可简化部署流程，更容易实现灵活性和可扩展性。

本章内容丰富，如果你有不解之处，不必灰心。推理和部署是广泛的、不断变化的领域。当你继续构建自己的生产系统时，可根据需要参考本章或 GitHub 的相关内容。

第 6 章

完成 ML 生命周期

到目前为止,你已经学习了一些关于监控和部署模型的知识。在本章中,你将更深入地学习。监控通常被视为一个严格的工程问题,是生产环境中 ML 系统中最重要的组成部分之一。但监控也是最容易被忽视的部分;部分原因在于,在开发和研究环境中,监控并不十分重要。

在本章中,将从不同角度探索监控。将把监控概念化,将其作为模型生命周期的一部分,用数据科学家的思维方式,将监控作为实验、评估和重新训练的工具。

注意,我们不会深入探讨关于模型服务的一些主题,这些通常属于平台工程师的考虑范围。例如,诸如 Nvidia Triton 的项目非常适合模型服务,延迟时间最短,性能最高,但实现它们在很大程度上是一个软件工程项目,且高度依赖于平台。

当然,在监控模型之前,必须将其部署到生产环境。

6.1 部署一个简单的随机森林模型

在前面,本书将重点放在 LLM 上。接下来,你将再次使用 LLM,但最初,将使用更传统的机器学习模型进行构建。具体而言,将学习如何对随机森林回归模型进行简单监控。

为快速推进，将使用 scikit-learn(如代码清单 6.1 所示)和机器学习中最常用的数据集之一——California Housing Price 数据集来训练一个随机森林回归器。

代码清单 6.1 California Housing Price 数据集的随机森林回归算法

```
import comet_ml
import pandas as pd

comet_ml.init(api_key="YOUR-COMET-API-KEY)

# Fetch artifact containing your dataset
experiment = comet_ml.Experiment()
housing_data_artifact = experiment.get_artifact
('ckaiser/housing-data-baseline')
housing_data_artifact.download('./datasets')

# Load data into a Dataframe
housing_data = pd.read_csv('./datasets/housing-data.csv')

# Import scikit libraries for training
from sklearn.model_selection import train_test_split
from sklearn.ensemble import RandomForestRegressor
from sklearn.metrics import mean_squared_error

# Initialize training parameters
params = {
    "n_estimators": 1000,
    "max_depth": 6,
    "min_samples_split": 5,
    "warm_start":True,
    "oob_score":True,
    "random_state": 42,
}

# Split train and test datasets
train, test = train_test_split(
    housing_data, test_size=0.15, random_state=params
```

```
    ['random_state']
)

y_train = train['target']
x_train = train.drop(columns=['target'])

y_test = test['target']
x_test = test.drop(columns=['target'])

# Fit the model on the training data
model = RandomForestRegressor(**params)
model.fit(x_train, y_train)

# Predict on the test set
y_test_pred = model.predict(x_test)

# Evaluate the model
accuracy = mean_squared_error(y_test, y_test_pred)
print(f'Validation Accuracy: {accuracy}')

# Pickle and save model
import pickle
with open('./baseline.pkl', 'wb') as f:
    pickle.dump(model, f)

# Version and store model via Comet Artifacts
model_artifact = comet_ml.Artifact('baseline-
housing-model')
model_artifact.add('./baseline.pkl')
experiment.log_artifact(model_artifact)
```

一旦训练了随机森林回归器，就需要为模型提供服务。前面章节中已详细讲述了模型部署，因此在本练习中，为简单起见，将使用可在本地运行的简单 FastAPI 服务器。

为完成本章中的其余练习，需要克隆本书 GitHub 库的 Chapter-6 代码。在以下示例代码中，将使用 GitHub 仓库中包含的一些实用脚本，为简洁起见，本书中省略了这些脚本。从库克隆 Chapter-6 后，在 macOS 上从项目根文件夹运行以下 bash 命令(或在 Windows 中使用 PowerShell)，以安装所有必要的依赖项并遍历 Chapter-6 代码。

> 实用脚本(utility script)指一个小程序或脚本，旨在执行特定任务或提供不属于应用主要功能的常用功能。通常，为了简化开发工作流、自动完成重复性任务，或提供可在多个项目中重用的辅助功能，而创建这些脚本。

接下来从代码开始。

```
$ pip install -r requirements.txt
$ cd Chapter-6
```

在代码清单 6.2 中，将初始化一个 FastAPI 服务器，加载模型，并建立一个/prediction 路由来支持模型推理。

代码清单 6.2 使用 FastAPI 支持模型

```
from fastapi import Depends, FastAPI
import httpx
import pickle # For loading the scikit-learn model
import comet_ml

from functools import lru_cache
from typing_extensions import Annotated

from . import config

app = FastAPI()
model = None # Placeholder for the loaded model

# See earlier chapters for guidance around defining
environment variables
@lru_cache
def get_settings():
    return config.Settings()

@app.on_event("startup")
async def startup_event(settings: Annotated[config
```

```python
    .Settings, Depends(get_settings)]):
    global model
    comet_ml.init(api_key=settings.comet_api_key)
    experiment = comet_ml.APIExperiment()
    model_artifact = experiment.get_artifact
('baseline-housing-model')
    model_artifact.download('./')
    with open('./baseline.pkl', 'rb') as f:
        model = pickle.load(f)

from fastapi import HTTPException
from pydantic import BaseModel
import numpy as np

class PredictionInput(BaseModel):
    features: list # Assuming a simple list
of features

@app.post("/prediction/")
async def make_prediction(input_data: PredictionInput):
    try:
        prediction = model.predict([input_data.features])
        return {"prediction": prediction.tolist()}
# Convert numpy array to list
    except Exception as e:
        raise HTTPException(status_code=400, detail=str(e))
```

有比.pkl 文件更好的方式来持久化模型,但对该项目而言,没必要弄得那么复杂。部署模型后,现在可开始实施一些基本的监控。

6.2 模型监控简介

监控在机器学习中是个较为模糊的术语。可解释性(explainability 或 interpretability)和监控(monitoring)在日常交流中往往被混为一谈。对该项目而言,模型监控指跟踪模型和数据,以识别与基准指标的偏差。你在监控设置中实现的一切都是为了回答一个简单问题: 模型性能是否发生了变化,为什么？

解决这个问题后，下面分析一个简单实现。构建监控系统时要做的第一个决定是关于日志记录的。稍后，你将定义指标并构建仪表盘，用于分析由模型生成的数据，但在此之前，必须决定如何收集这些数据。

这里的一个更重要决定与监控的实时性要求相关。如果规模较大，或有一个涉及快速重新部署的复杂系统，可能需要真正的实时模型监控；此时，数据会从模型中不断流出。然而，大多数情况下，你将能记录数据并异步收集分析数据。当首次设计系统时，尤其如此。

开始时，你将专注于记录数据。最简单的方法是使用后台任务，该任务在 FastAPI 返回成功请求后执行。

```python
from fastapi import HTTPException, BackgroundTasks
from pydantic import BaseModel
import numpy as np
from csv import DictWriter
async def log_data(data: dict):
    with open('./production_data.csv', "a+") as f:
        d = DictWriter(f, fieldnames=list(data.keys()))
        d.writerow(data)

class PredictionInput(BaseModel):
    features: list # Assuming a simple list of features

@app.post("/prediction/")
async def make_prediction(background_tasks: BackgroundTasks, input_data: PredictionInput):
    try:
        prediction = model.predict([input_data.features])
        result = {"prediction": prediction.tolist()}
# Convert numpy array to list
        logged_data = input_data.dict()
        logged_data['prediction'] = result['prediction']
```

```
    # Add the log_data function to background tasks
    background_tasks.add_task(log_data, data=
logged_data)
  except Exception as e:
    raise HTTPException(status_code=400,
detail=str(e))
```

记录数据后，现在可继续计算指标。监控模型的核心挑战之一是收集输出数据。也就是说，如果用户不与你分享预测准确性相关的数据，就很难用他们的数据来评估模型。收集这些输出数据非常依赖于上下文。对于一些项目，如推荐引擎，你将能直接从用户行为中收集数据。其他情况下，你可能要求用户提供反馈。在此处的例子中，会在以后异步收集数据(例如，可找到新的住房数据，来了解符合用户要求的房子的价格)。你有一个数据集可用于评估和重新训练模型。

现在，可计算一些指标。

指标类别

讨论模型监控时，指标通常分为三个不同的类别。

- **性能指标:** 这些指标与模型在完成给定任务时的性能有关。传统上，包括准确性、精确度和召回率等指标。
- **系统指标:** 这些是平台团队十分感兴趣的指标，如资源利用率、吞吐量、延迟等。可将系统指标松散地定义为与底层基础设施性能相关的任何东西。
- **业务指标:** 这些是与特定业务成果相关的指标。例如，销售预测模型可能具有"准确性"绩效指标，但仍与业务关键绩效指标(KPI)关联。

在本章中，将重点关注性能指标。

首先加载数据集，数据集中包含用户提交的数据。

```
# Load new dataset of user data, which you've
asyncronously updated
import requests
```

```python
with requests.get('NEW DATASET') as r:
    with open('new_dataset.csv', 'w+') as f:
        f.write(r.text)

import pandas as pd
dataset = pd.read_csv('./new_dataset.csv')

# Load historic dataset

# Comet Artifact

reference_dataset = pd.read_csv(old_dataset)
```

现在，可定义指标。稍后，将使用一个出色的开源库用于进行监控，但最初，将用 Python 从头开始实现一个简单系统。定义一个 Report 类。此类将作为指标管道、数据集和显示函数的中心位置。在初始化的 Report 实例中，将建立参考数据集及要计算的指标。

```python
class Report:
    def __init__(self, baseline, metrics=[]):
        self.super
        self.metrics = metrics
        self.statistics = {}
        self.baseline = baseline
    def run(self, dataset):
        for metric in self.metrics:
            self.statistics[metric.name] = metric.run(self.baseline, dataset)

        print("Report is ready!")
```

接下来定义一个 Metric 类。

```python
class Metric:
    def __init__(self, name, *args, **kwargs):
        self.name = name
        self.metric_kwargs = kwargs
```

```python
    def run(self, baseline, data):
        pass
```

现在，定义一个指标。在数据科学家的工具包中，计算稳定性(漂移)的一个良好指标示例是 PSI(Population Stability Index，群体稳定性指标)。代码清单 6.3 显示了使用 Metric 类将 PSI 实现为指标。

代码清单 6.3 将 PSI 实现为一个指标

```
class PSI(Metric):
    def __init__(self, bucket_types='bins',
buckets=10, axis=0):
        super().__init__()
        self.name = 'PSI'
        self.bucket_types = bucket_types
        self.buckets = buckets
        self.axis = axis

    def _calculate_psi(self, expected, actual):
        """
        Calculate the PSI (population stability index)
across all variables
        """
        bucket_type = self.bucket_type
        buckets = self.buckets
        axis = self.axis

        def psi(expected_array, actual_array, buckets):
            def scale_range (input, min, max):
                input += -(np.min(input))
                input /= np.max(input) / (max -min)
                input += min
                return input

            breakpoints = np.arange(0, buckets + 1) /
(buckets) * 100
            if bucket_type == 'bins':
                breakpoints = scale_range(breakpoints,
np.min(expected_array), np.max(expected_array))
```

```
            elif bucket_type == 'quantiles':
                breakpoints = np.percentile(expected_
array, breakpoints)
            expected_percents = np.histogram(expected_
array, breakpoints)[0] / len(expected_array)
            actual_percents = np.histogram(actual_
array, breakpoints)[0] / len(actual_array)

            def sub_psi(e_perc, a_perc):
                """Calculate the actual PSI value from
comparing the expected and actual distributions."""
                if a_perc == 0:
                    return 0
                elif e_perc == 0:
                    return a_perc * np.log(a_perc /0.01)
                else:
                    return (e_perc -a_perc) * np.log
(e_perc / a_perc)
            psi_value = np.sum(sub_psi(expected_
percents[i], actual_percents[i]) for i in range
(0, len(expected_percents)))
            return psi_value

        psi_values = pd.Series(index=expected.columns)
        for col in expected.columns:
            psi_values[col] = psi(expected[col],
actual[col], buckets=buckets, bucket_type=bucket_type)

        return psi_values
    def run(self, baseline, data):
        output = self._calculate_psi(baseline, data)
        return output
```

现在，可用新指标来初始化新报表。

```
PSIDrift = PSI("PSI")
DriftReport = Report(reference_dataset, [PSIDrift])
```

运行报表。

```
DriftReport.run(current_dataset)
DriftReport.statistics
```

> **模型漂移与数据漂移**
>
> 通常涉及两种上下文：模型漂移和数据漂移。两者虽然相关，却是不同的。
>
> 模型漂移又称概念漂移，指模型试图预测的目标变量的统计特性随时间变化的场景。这种漂移意味着，模型在训练过程中学到的模式或关系不再成立，导致模型性能下降。
>
> 数据漂移涉及输入模型的数据的分布或属性的变化。与侧重于目标变量的模型漂移不同，数据漂移侧重于预测因子或特征。例如，推荐模型中购买习惯的变化是数据漂移的常见原因。为了检测数据漂移，需要进行统计测试，以比较不同时间点的数据分布。要想解决这两种形式的漂移，需要频繁地评估和监控模型及数据集。

这只是一个简单例子。鼓励你尝试不同的指标和显示内容。即使是个简单例子，也能给你启发，该管道具有以下特点：

- 通过 Comet Artifacts，来跟踪数据集，并进行版本控制。
- 在报告中，以一致、透明的方式计算指标。
- 由于进行了全面跟踪和版本控制，所有内容都是可再现的。

还有很多事项需要实现，如安排报告的运行时间、将输出统计信息存储在可访问的位置。即使只有这种基本设置，也用处不小。

6.3 用 Evidently AI 监控模型

在实际的生产环境中，你通常不会构建自己的监控库。大多数情况下，将使用现成的解决方案。目前最好的监控平台之一是 Evidently，Evidently 是 Evidently AI 的开源监控和分析库。当你在下面的例子中探索 Evidently 时，会注意到该 API 的设计与你在前面实现的 API 非常相似。

简单来讲，Evidently 使用了一个集中式 Report 类，类似于你之前实现的类。此报告接收一个 Metric 实例数组，当你在数据集上调用 Report.run() 时，将会运行。下面是一个例子：

```
from evidently.report import Report
from evidently.metric_preset import DataDriftPreset

report = Report(metrics=[
    DataDriftPreset(),
])
```

Evidently 具有诸多优点，其中之一是通过其 metric_sew 模块开箱即用地实现了许多不同的指标。这里有一个例子：

```
from evidently.metrics import ColumnSummaryMetric, ColumnQuantileMetric, ColumnDriftMetric

report = Report(metrics=[
    ColumnSummaryMetric(column_name='AveRooms'),
    ColumnQuantileMetric(column_name='AveRooms', quantile=0.25),
    ColumnDriftMetric(column_name='AveRooms')
])

report.run(reference_data=reference, current_data=current)
```

另外，Evidently 会自动提供精美的可视化效果。只需要在 notebook 中显示 report 对象，将看到图 6.1 所示的图表。

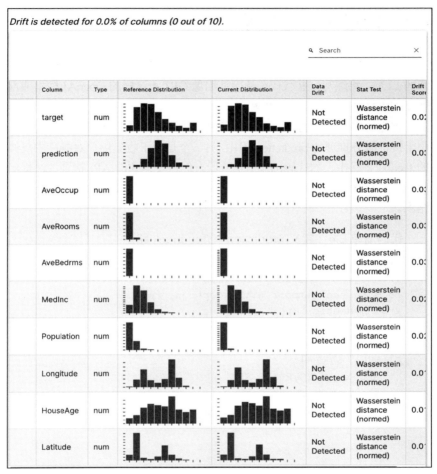

图 6.1 模型监控

建议你花点时间研究一下 Evidently 中的自动仪表盘功能。可更深入地分析各个功能，并根据自己的喜好定制仪表盘。

这一切都非常强大，但你的最终目标是将这些不同的组件变成一个自动化管道。这也是你接下来要设置的，将使用一个 LLM 来实现它。

6.4 构建模型监控系统

在本项目中,将构建一个用于监控模型的端到端管道,还将使用预训练的 LLM。将编写一些代码,从而使用像 GPT-4 这样的 OpenAI 模型或部署在 vLLM 上的模型(可参见第 5 章)。

首先定义一个新的 FastAPI 服务器,该服务器具有两个路由,一个是用于提供服务推理的/prediction 路由,另一个是用于收集用户对响应的反馈的/feedback 路由,如代码清单 6.4 所示。你将要构建的 API 特别关注提问和回答。可重用之前编写的 API 的启动部分。大多数情况下,你会更新路由。

代码清单 6.4 定义/prediction 和/feedback 路由

```
import comet_llm
from comet_llm.query_dsl import TraceMetadata
from fastapi import HTTPException
from pydantic import BaseModel
from uuid import uuid4
from openai import OpenAI
client = OpenAI(
    api_key="YOUR-API-KEY",
    # base_url="YOUR-API-URL"
    # Uncomment the above line to use your own model deployed with vLLM
)

async def log_prompt(data: dict):
    comet_llm.log_prompt(
        prompt=data['prompt'],
        output=data['output'],
        metadata={
            'id': data['id']
        }
    )
# Define the request model for the prediction route
class PredictionRequest(BaseModel):
```

```python
    question: str

# Define the request model for the feedback route
class FeedbackRequest(BaseModel):
    conversation_id: str
    score: float

@app.post("/prediction/")
async def prediction(background_tasks:
BackgroundTasks, request: PredictionRequest):
    try:
        # Generate a unique identifier for the
conversation
        conversation_id = str(uuid4())
        completion = client.chat.completions.create(
            model="gpt-4",
            messages=[{"role": "user", "content":
request.question}],
        )
        answer = completion.choices[0].message.content
        log = {
            "prompt": request.question,
            "output": answer,
            "id": conversation_id
        }
        response = {"answer": answer, "conversation_
id": conversation_id}
        background_tasks.add_task(log_prompt,
data=log)
        return response
    except Exception as e:
        raise HTTPException(status_code=400,
detail=str(e))

@app.post("/feedback")
async def feedback(background_tasks: BackgroundTasks,
request: FeedbackRequest):
    try:
        api = comet_llm.API()
```

```
        # An LLMTrace is the object Comet uses to 
represent the query/response
        trace = api.query(
            workspace="YOUR-WORKSPACE",
            project_name="YOUR-PROJECT",
            query=(TraceMetadata("id") == request
.conversation_id)
        )
        trace.log_user_feedback(request.score)

        return {"status": "Success"}

    except Exception as e:
        raise HTTPException(status_code=400, 
detail=str(e))
```

注意,代码清单 6.4 使用 Comet LLM(第 5 章中提到的开源提示管理框架)来记录提示和响应。接下来,需要编写一个脚本,将记录的数据转换为版本控制工件,如代码清单 6.5 所示。

代码清单 6.5　用于转换已记录数据的脚本

```
import comet_llm
from comet_llm.query_dsl import TraceMetadata, 
Duration, Timestamp, UserFeedback
import json

def llm_data_to_artifact(start_time, end_time, 
artifact_name):
    comet_llm.init()
    api = comet_llm.API()
    traces = api.query(
        workspace="YOUR-WORKSPACE",
        project_name="YOUR-PROJECT",
        query=((Timestamp() > start_time) & 
(Timestamp() < end_time))
    )

    json_blob = []
```

```
    # api.query() returns a list of LLMTraces that
match our query parameter
    for trace in traces:
        trace_data = trace._get_trace_data()
        data = {
            "inputs": trace_data['chain_inputs'],
            "outputs": trace_data['chain_outputs'],
            "metadata": trace_data['metadata']
        }
        json_blob.append(data)

    file_name = f"{start_time}-{end_time}.json"

    with open(file_name, 'w+') as f:
        json.dump(json_blob, f)

    experiment = comet_ml.Experiment()

    # Try to access existing artifact, if we've
previously created one
    try:
        artifact = experiment.get_artifact
(artifact_name)
    except:
        artifact = comet_ml.Artifact(artifact_name)

    artifact.add(file_name)
    experiment.log_artifact(artifact)
```

现在，可在 Evidently 报告中使用这些数据。在执行任何管道工作前，需要创建一个 Evidently 项目(为使用 Evidently 的 Cloud API，必须先注册一个免费账户)。

```
from evidently.ui.workspace.cloud import
CloudWorkspace

ws = CloudWorkspace(
    token="YOUR_TOKEN_HERE",
    url="https://app.evidently.cloud"
)
```

```python
project = ws.create_project("Housing Data Monitoring")
project.description = "A first project with Evidently"
project.save()
```

管道需要将数据移到 Evidently 报告中。为此，可使用以下函数，该函数将从单个工件访问参考数据集和一批生产数据：

```python
from evidently.report import Report
from evidently.metrics import DatasetSummaryMetric
from evidently.metric_preset import DataDriftPreset

# Assumes you've uploaded a reference dataset as
# a json file
def run_reports(artifact_name, batch_filename,
reference_filename="reference.json", report_name=
"data_drift_report.json"):
    ws = CloudWorkspace(
        token="YOUR_TOKEN_HERE",
        url="https://app.evidently.cloud"
    )
    # Update with your project id
    project = ws.get_project("PROJECT_ID")

    experiment = comet_ml.Experiment()
    artifact = experiment.get_artifact(artifact_name)
    # Creates a ./tmp directory for asset downloads
    artifact.download('./tmp')
    reference_data = json.load(f"./tmp/{reference_filename}")
    batch_data = json.load(f"./tmp/{batch_filename}")
    data_summary_report = Report(metrics=[
        DatasetSummaryMetric(),
    ])

    data_summary_report.run(reference_data=reference_data, current_data=batch_data)
    data_summary_report.save_json(report_name)
    ws.add_report(project.id, data_summary_report)
```

第6章 完成 ML 生命周期

现在，需要将此脚本安排为每 24 小时运行一次。在生产环境中，可能使用特定云提供的产品(如 AWS Batch)来安排此作业。但对于本项目，将在本地计算机上安排运行作业。

首先，在 Python 脚本底部编写以下函数，可将其命名为 monitoring.py:

```
def parse_args():
    parser = argparse.ArgumentParser(description=
'Process command line arguments.')

    # Adding required arguments
    parser.add_argument('--reference_dataset',
type=str, required=False, help='Path to the reference
dataset', default="reference.json")
    parser.add_argument('--batch_filename', type=str,
required=True, help='Path to the batch file')
    parser.add_argument('--artifact_name', type=str,
required=True, help='Name of the artifact')
    parser.add_argument('--report_name', type=str,
required=False, help='Name of the report',
default="report.json")

    # Using custom type for datetime parsing
    def valid_date(s):
        try:
            return datetime.strptime(s, "%Y-%m-%d
%H:%M:%S")
        except ValueError:
            msg = "Not a valid date: '{0}'.".format(s)
            raise argparse.ArgumentTypeError(msg)

    parser.add_argument('--start_time', type=valid_
date, required=False, help="The Start Time in 'YYYY-
MM-DD HH:MM:SS' format", default=datetime.now()
-timedelta(days=1))
    parser.add_argument('--end_time', type=valid_date,
required=False, help="The End Time in 'YYYY-MM-DD
HH:MM:SS' format", default=datetime.now())
```

```
    args = parser.parse_args()
    return args

def main():
    args = parse_args()
    llm_data_to_artifact(args.artifact_name, args
.start_time, args.end_time)
    run_reports(args.artifact_name, args.batch_
filename, args.reference_filename, args.report_name)


if __name__ == "main":
    main()
```

现在，你希望将此脚本安排为每 24 小时运行一次。在 macOS 和 Linux 等 UNIX 操作系统上，可使用 cron 完成此操作。首先，运行以下命令：

```
crontab -e
```

这将在默认编辑器中打开 crontab 文件。这是你输入重复任务的文件。在此文件中，添加以下的代码行，进行更新，与你的系统对应起来：

```
0 0 * * * /usr/bin/python3 /home/user/scripts/
monitoring.py --reference_dataset "reference_dataset"
--artifact_name "dataset"
```

在 Windows 中，将使用任务调度器，该程序提供调度重复任务的分步说明。

总结一下，到现在为止我们获得了哪些功能。只需要数百行代码，就实现了一个支持以下功能的系统：

- 用户可查询 LLM 进行问答，并记录用户对答案的反馈。
- LLM 行为会被完全跟踪和记录，并保存提示、答案和评分。
- 数据会自动进行版本控制，用于在 Comet 和 Evidently 中构建新的数据集。
- 整个管道是自动运行的，不必进行手动输入。

这太棒了！一旦一切正常运行，你可按之前学习的构建 Evidently 仪表盘的过程(见图 6.2)，以任何方式实现仪表盘。可从 Evidently 的内置指标中了解很多信息。

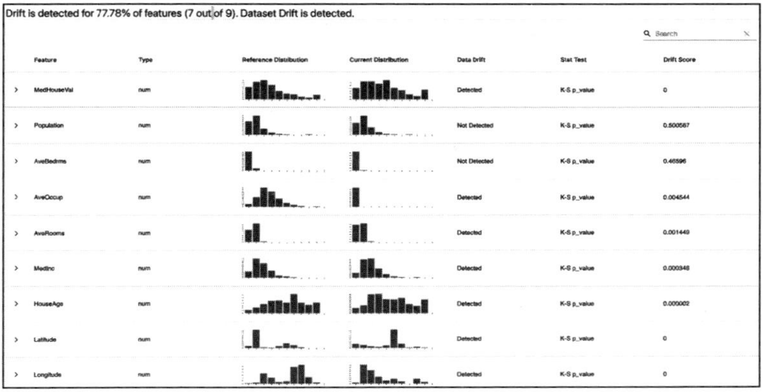

图 6.2　Evidently：内置指标

可分析用户输入文本的各种特征，包括情感、单词分布和主题。还可看到从模型的响应中收集的类似指标。甚至可看到用户对模型响应的反馈；反馈的格式清晰，你可从中分析性能不佳的响应中的常见线索。最后，你能检测用户输入和模型输出中的漂移。

由此，你可在任何给定时刻获得系统健康状况的完整快照。可简单地用它来跟踪对管道所做的不同更改的影响，在性能恶化时获得提醒，甚至可将其作为重新训练管道的基础。可方便地将该系统用于任何用例。

6.5　有关监控的总结

运用从本章学到的知识，你将在监控方面走得更远。但是，随着你扩大规模并对监控有更高的要求，为托管的第三方服务付费成为更有利的选择。到目前为止，你使用的一些平台(如 Comet)提供一种付费的生产监控服务，通常能实时收集数据、自定义指标。原则始终不会改变。从根本上说，你可将本章中介绍的知识运用于你决定承担的任何监控项目。

第7章

最佳实践

为了弥合传统商业智能与数据科学之间的鸿沟,本书应运而生。本书浓墨重彩地描述后 LLM 时代的 MLOps 框架,开发了一个能系统地、可再现地投入生产的应用。数据项目的规模和范围快速扩大,一直都在发挥作用的 MLOps 到现在变得更加重要。本章分 4 个步骤总结了本书涵盖的框架。回顾后,本章其余内容将介绍 MLOps(机器学习操作)和 LLM(大语言模型)的新趋势和未来发展潜力。

7.1 第一步:理解问题

第一步包括定义问题陈述、确保数据质量和实施数据治理。这些任务始终是确保项目取得成功的最重要部分,并未随着 LLM 领域的发展和 LLM 的普及而改变。

- 目标明确:在开发模型前,明确问题目标并获得认可。只要分析师一直从事分析工作,情况就一直如此。了解业务目标可确保模型结果与组织需求保持一致,防止项目最终烂尾。
- 数据质量和预处理:在数据预处理、清洗和验证方面投入大量资金。正如前面讨论过的,数据是成功的机器学习模型中最宝贵的部分。随着时间的推移,数据越来越成为决定企业市场竞争力和模型影响力的差异化因素,因为复制专有数据比使用相似算法要难得多。

- 数据治理：制定策略、流程和标准，以确保组织数据的质量、完整性、安全性和正确使用。有效的数据治理可降低数据质量差、安全漏洞和不合规的风险。组织可通过实施监控机制、保护公司声誉及最大限度地减少法律和财务风险，来主动识别和应对潜在风险。

7.2 第二步：选择和训练模型

第二步包括以下任务。

- 模型选择和实验：对一个或多个模型进行实验。不同模型适用于不同的场景；通过进行实验，有助于确定最合适的是哪一个。对LLM而言，较大模型包含的参数通常会更多，以便捕获更复杂的数据模式。然而，较大的模型也需要更多计算资源用于训练和推理。根据可用的基础架构，在模型大小和资源需求之间进行合理权衡。评估使用语言模型的成本，特别是当它通过基于云服务提供时。考虑定价结构及它是否与你的预算一致。检查语言模型是否正在受到积极维护。
- 超参数调整和优化：如果用例需要对特定领域的数据进行微调，可检查语言模型是否支持微调。并非所有模型都允许微调，该过程可能具有特定的要求和限制。通过对超参数进行系统调整，有助于模型获得最高的交叉验证分数。可考虑这样做来提高模型性能，避免过拟合或欠拟合，提高收敛和训练速度，适应不同的数据集，或通过向模型的输入或权重添加噪声来增强模型的鲁棒性。下面列出一些超参数调整技术。
    - 网格搜索(grid search)：网格搜索是超参数调优的最简单、最直观算法，涉及定义超参数网格并详尽评估所有可能的组合。它系统地探索超参数空间(穷举搜索、遍历所有组合)，从而成为搜索空间较小且可管理时的可靠选择。
    - 随机搜索(random search)：随机搜索对超参数组合进行随机采样，以训练和评估模型，但做不到详尽无遗。它比网格搜索的计算效率更高，在探索与利用之间取得了良好的平衡，适用于超参数空间更广泛的情形。
- 贝叶斯优化(Bayesian optimization)：贝叶斯优化利用概率模型，跟踪之前的评估结果，预测超参数组合的性能。如果评估超参数集的计算成本昂贵，贝叶斯优化是有益的选择。

可采用其他方式来优化模型，包括调整学习率、调整批量大小或正则化技术。可考虑在初始训练步骤中逐渐提高学习率。该技术特别适用于LLM，有助于稳定训练并提高收敛性。它通常用于防止训练开始时出现梯度爆炸等潜在问题。

"批量大小调整"涉及在训练期间尝试不同的批量大小。最佳批处理大小取决于数据集的特定特征和可用的计算资源。批量大小会影响训练速度和模型泛化能力。

正则化技术，如丢弃法(dropout)和权重衰减(weight decay)，通常用于防止表格数据和LLM中的过拟合。正则化有助于降低模型的复杂性，提高模型在处理未知数据时的泛化性能。

正则化技术旨在通过降低模型对数据变化的敏感性来提高模型的泛化能力。这样，模型不太可能"过拟合"，即学习给定训练数据集的独特特性，这些独特特性不能泛化到验证数据集或测试数据集。丢弃法是深度学习中一种流行的正则化技术，在正向传递过程中忽略神经网络的随机节点。权重衰减是另一种正则化技术，在训练过程中添加一个惩罚项，以鼓励模型学习正在建模的函数的"更简单"表示。

7.3　第三步：部署和维护

谷歌Colab notebook中演示的一个项目十分有趣，但只有将模型投入生产环境，才能真正体现业务的价值。"投入生产"的形式有很多种，从每天运行一次的批量Jenkins作业(将模型的输出添加到数据库，用于其他目的)，到实时流媒体系统(在该系统中，更改会立即影响客户)。这里将引导你创建CI/CD(持续集成/持续交付)系统等，以帮助你减少人为错误并简化流程。CI/CD 实施专为 ML 模型部署定制的 CI/CD 管道。自动化部署可减少错误，缩短模型部署周期。

1. CI 技术包括的内容
CI 技术包括的内容如下。
- 自动构建：当代码更改被推送到版本控制系统时，就自动构建应用。这可确保代码能够成功编译，并解决依赖问题。
- 自动化测试：对新构建的代码执行自动化测试(单元测试、集成测试等)。在开发过程中及早识别和解决问题，防止以后出现集成问题。
- 版本控制集成：将 CI 与版本控制系统(如 Git)集成。CI 工具监控仓库中的更改，并在提交新代码时触发构建和测试过程。
- 执行并行测试：并行执行测试，以加快反馈循环。这有助于减少验证代码更改所需的时间，使 CI 过程更加高效。
- 工件管理：在仓库中存储和管理构建工件、依赖关系和二进制文件，确保相同的工件在开发管道的不同阶段得到一致的使用。

2. CD 技术包括的内容
CD 技术包括的内容如下。
- CD：对持续交付进行扩展，在通过所有必要的测试后将更改自动部署到生产环境。CD 旨在尽快可靠地将新更改发布到生产环境。
- 部署自动化：自动完成部署过程，将代码更改从开发环境转移到生产环境，可确保一致性，并降低出现手动错误的风险。
- 环境配置管理：使用基础设施即代码(IaC)来管理开发、测试和生产环境的配置，进行版本控制。这有助于在不同环境中保持一致性和可再现性。
- 回滚机制：在部署出现问题时实施自动回滚机制，确保应用可快速、可靠地恢复到以前的版本。
- 功能切换(功能标志)：便于实现切换，启用或禁用应用的特定功能。这允许逐步推出新功能，并在出现问题时快速禁用它们。

- Canary 版本：将更改部署到整个用户群之前，先部署到用户或服务器的一个子集。Canary 版本有助于识别受控环境中的潜在问题，并可用于进行假设检验。

3. 自动迁移数据库

在部署期间，自动更新和迁移数据库模式。这确保数据库更改在不同环境中得到一致应用。下面列出一些数据库迁移工具。

- Jenkins：是一个开源项目，是自托管的，有一个活跃的大型社区，提供数百个可用于不同工具和框架的插件。
- GitHub 操作：利用"操作"直接从 GitHub 构建容器、进行测试、部署 Web 服务等。根据你的管道在计费期间的运行时间定价，每月可免费获得约 33 小时的操作时间。
- GitLab CI/CD：基于云，默认提供分布式构建，集成组合有限，需要通过 API 进行外部集成。
- AWS CodePipeline：是 V1 型管道的 AWS 免费层的一部分，与其他 AWS 服务集成在一起。
- Azure DevOps：进行基于云的端到端软件开发和交付，提供敏捷的项目管理、版本控制和自动化测试。以直观的界面而闻名。
- Travis CI：基于云，易于与 GitHub 工作流集成。
- CircleCI：以速度和效率而闻名，支持并行迁移，具有缓存功能，实现了容器化。

4. 监控和维护模型

在生产环境中，需要构建强大的监控模型性能的系统。模型的性能会随着时间的推移而退化，持续监控有助于及时进行重新训练和维护。下面列出一些模型监控工具。

- Aporia：负责监控模型，具有防止 LLM 产生不适当响应的"安全护栏"，可防止幻觉、误读、提示注入、受限的主题，控制能从简单的 UI 使用哪些 SQL 表，允许用户更主动地管理 LLM 的输出。

- Comet：无论模型的规模有多大，使用何种基础设施，Comet 都可以进行跟踪，并显示出结果。Comet 还能记录和显示 LLM 提示及链。
- TensorFlow 模型分析：可扩展支持 TensorFlow 以外的框架。结果可在 Jupyter notebook 中显示出来。
- MLflow：开源，是极受欢迎的实验跟踪工具，也提供模型监控。
- evidently.ai：开源，可自托管，可监控、评估、测试和监控 ML 模型的表格、文本或嵌入的数据。

除了上述工具，还有其他一些模型监控工具，其中的大多数都提供了类似的功能。

7.4 第四步：协作与沟通

为成功地完成一个机器学习项目，需要进行良好的协作和沟通。归根结底，分析是一种支持功能，我们的目标是交付模型和产品以满足业务需求。在项目启动之初，你需要与他人合作，来了解项目的范围的作用；而在项目结束时，你会展示工作成果，以建立用户对结果的信任度，使你的出色工作获得认可，并在未来的迭代中吸引更多用户。虽然这一步不是技术性的，却是一门会对你的职业生涯产生巨大影响的艺术。

- 跨学科合作：促进数据科学家、工程师和领域专家之间的合作。多样化的视角增强了模型开发，并确保与业务目标保持一致。
- 清晰地沟通结果：向非技术利益相关者高效地传达模型结果和局限性，包括监控(可解释性)技术的使用。公平、透明的沟通有助于建立信任关系，做出明智决策。

通过掌握 MLOps 原则，关注 CI/CD，数据科学家将能了解 ML 领域的发展方向。本书主要关注 LLM，LLM 最近成为许多希望利用该技术的组织的重点。LLM 方兴未艾，我们需要探讨一下 LLM 的发展趋势。

7.5　LLM 的发展趋势

成为一名数据科学家是令人激动的。图 7.1 是谷歌趋势图显示的过去三年来 LLM 一词的热度。

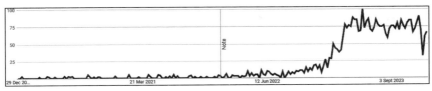

图 7.1　谷歌趋势图显示的 LLM 热度

我们看到的一个趋势是"AI 工程师"角色的崛起。数据科学领域的职位越来越多,有时很难理解一个角色与另一个角色的界限。AI 工程师在过去负责开发传统的 ML 模型,而在 LLM 时代,可能进行微调、构建 RAG 系统或构建 LLM 驱动的应用。AI 工程师将具有使用 LLM 相关工具(如 LangChain 和向量数据库)的经验。

LLM 通常处理高维数据,如单词嵌入或特征向量。向量数据库擅长对语义相似的句子或文档进行相似度搜索,允许快速、准确地检索信息。向量数据库可以水平扩展,允许跨分布式系统高效地存储和检索向量,支持快速查询,响应速度快。向量数据库采用先进的索引技术,如树结构或哈希,来加快搜索操作,很好地满足了 LLM 的大规模索引要求。第 3 章中介绍了向量数据库,向量数据库代表了数据生态系统中一个快速发展的领域,值得进一步研究。

除了工具,还必须展望模型自身的发展趋势。长期以来,随着新模型的发布,模型越来越大。甚至有一个学派推崇所谓的"规模假说",认为 LLM 和 AGI 之间唯一的区别就是规模。按照这一逻辑,LLM 通常有数十亿个参数。图 7.2 显示了 Hugging Face 上下载量最大的 LLM 模型。

```
core42/jais-13b-chat
Conversational · Updated Nov 8, 2023 · ↓ 17.2k · ♡ 100

core42/jais-13b
Text Generation · Updated Sep 12, 2023 · ↓ 3.87k · ♡ 91

bofenghuang/vigogne-2-7b-chat
Text Generation · Updated Oct 16, 2023 · ↓ 2.2k · ♡ 21

bofenghuang/vigogne-2-7b-instruct
Text Generation · Updated Jul 20, 2023 · ↓ 2.06k · ♡ 21

SebastianSchramm/Cerebras-GPT-111M-instruction
Text Generation · Updated Nov 28, 2023 · ↓ 1.84k · ♡ 3

bofenghuang/vigogne-7b-instruct
Text Generation · Updated Jul 11, 2023 · ↓ 1.81k · ♡ 22

bofenghuang/vigogne-7b-chat
Text Generation · Updated Jul 12, 2023 · ↓ 1.76k · ♡ 3

bofenghuang/vigogne-33b-instruct
Text Generation · Updated Jul 19, 2023 · ↓ 1.74k · ♡ 5

TheBloke/Vigostral-7B-Chat-GPTQ
Text Generation · Updated Oct 24, 2023 · ↓ 271 · ♡ 1

core42/jais-30b-chat-v1
Conversational · Updated Nov 9, 2023 · ↓ 6.72k · ♡ 15

bofenghuang/vigostral-7b-chat
Text Generation · Updated Oct 25, 2023 · ↓ 3.35k · ♡ 20

recogna-nlp/bode-7b-alpaca-pt-br
Text Generation · Updated 3 days ago · ↓ 2.08k · ♡ 18

FPHam/Free_Sydney_13b_HF
Text Generation · Updated Nov 18, 2023 · ↓ 1.88k · ♡ 11

bofenghuang/vigogne-2-13b-instruct
Text Generation · Updated Aug 1, 2023 · ↓ 1.83k · ♡ 14

bofenghuang/vigogne-13b-instruct
Text Generation · Updated Jul 5, 2023 · ↓ 1.77k · ♡ 13

bofenghuang/vigogne-13b-chat
Text Generation · Updated Jul 12, 2023 · ↓ 1.74k · ♡ 1

TheBloke/Vigogne-2-13B-Instruct-GPTQ
Text Generation · Updated Sep 27, 2023 · ↓ 441 · ♡ 3

TheBloke/Vigogne-2-7B-Chat-GPTQ
Text Generation · Updated Sep 27, 2023 · ↓ 173 · ♡ 4
```

图 7.2　下载量最大的 LLM 模型

但在过去几年，人们对更小的精简模型的兴趣重新点燃，这些模型的运行成本更低。出现了诸如 Neural Magic 的稀疏化(Sparsification)工具或平台，以帮助保持模型的准确性，同时降低一些复杂性。随着时间的推移，用较小模型将能明显降低成本。现在的趋势是：未必选择最大的模型，而是酌情找到一个较小的模型，获得与一些较大模型同样的好处，同时可以降低成本。

7.6　进一步的研究

本书介绍了如何开始实现不同的 MLOps 技术和 LLM，并创建一个应用或 API 为最终用户完成部署。所有这些主题都相当深入，需要进一步加以研究。为加深理解，你可能想查看以下资源：

- MLOps Community Slack。这是一个拥有 20 000 多名成员的社区，是一个建立联系、探索合作、获取建议和参与讨论的好去处。社区中的内容面向中高级 MLOps 从业者。
- Made with ML。这是一个教程系列，包括 madewithml.com 上的 MLOps。如果你真的只需要专注于用一种资源来构建端到端系列项目，这将是最合适的参考资料。
- Deployment of Machine Learning Models。这是由 Soledad Galli 博士和 Christopher Samiullah 创建的 Udemy 课程。Udemy 是一个在线学习平台。该课程涵盖部署到生产环境，使用 Docker 控制软件和模型版本，以及添加 CI/CD 等。
- ML System Design Case Studies。Evidently AI(https://evidentlyai.com/ml-system-design)汇集了 300 个案例研究。在这些案例研究中，分享了公司内部创建的 ML 系统、ML 模型设计、评估标准和实施方式。其中 36 个案例涉及 NLP。

感谢你与我们一起踏上这段美好的旅程。希望你在跟踪实验方面有了新的体会，学会了提示和利用 LLM 的技能，并更好地理解构建 API 所需的内容。笔者写这本书，是因为热爱数据科学，并很幸运能随着时间的推移成为该领域发展和转型的一部分。祝愿你在职业生涯中取得成功，并希望你和我们一样感到充实。